Wolfgang Rolón

GANADERÍA ECOLÓGICA EN LAS SABANAS INUNDABLES DE BOLIVIA - 2.ª Edición

Wolfgang Rolón

GANADERÍA ECOLÓGICA EN LAS SABANAS INUNDABLES DE BOLIVIA - 2.ª Edición

Guía para la aplicación de prácticas de Ganadería Sostenible

Editorial Académica Española

Imprint

Any brand names and product names mentioned in this book are subject to trademark, brand or patent protection and are trademarks or registered trademarks of their respective holders. The use of brand names, product names, common names, trade names, product descriptions etc. even without a particular marking in this work is in no way to be construed to mean that such names may be regarded as unrestricted in respect of trademark and brand protection legislation and could thus be used by anyone.

Cover image: www.ingimage.com

Publisher:
Editorial Académica Española
is a trademark of
Dodo Books Indian Ocean Ltd. and OmniScriptum S.R.L publishing group

120 High Road, East Finchley, London, N2 9ED, United Kingdom
Str. Armeneasca 28/1, office 1, Chisinau MD-2012, Republic of Moldova, Europe
Printed at: see last page
ISBN: 978-613-9-40045-4

GANADERÍA ECOLÓGICA EN LAS SABANAS INUNDABLES DE BOLIVIA

SEGUNDA EDICIÓN

La valoración de la pradera natural de regiones sin deforestación para la producción de carne sostenible

Guía para la aplicación de prácticas de Ganadería Sostenible

AGRADECIMIENTOS

Esta segunda edición ha sido posible gracias al auspicio de Andrés, Joaquín y Sebastián Rolón y al aporte de veterinarios zootecnistas, colegas agrónomos y productores ganaderos con sugerencias, correcciones y reflexiones.

ÍNDICE

ÍNDICE DE CUADROS

ÍNDICE DE FIGURAS

ÍNDICE DE GRÁFICOS

ÍNDICE DE FOTOS

Ganadería ecológica en las sabanas inundables de Bolivia

RESUMEN

Este trabajo resalta el valor de la pradera natural como forraje para ganado bovino en ecosistemas de sabana inundable como una oportunidad para la producción de carne destinada a mercados diferenciados que valoran la ganadería sin deforestación.

Los ecosistemas de sabana inundable son escasos en el mundo y Bolivia tiene el privilegio de contar con más de 12 millones de ha de praderas naturales en las regiones de los Llanos de Moxos y el Pantanal. El estudio describe las características de estas ecorregiones y se presentan las comunidades vegetales que albergan, detallando los pastos predominantes de valor forrajero. Se plantea su aprovechamiento en base a pastoreo controlado para reducir y erradicar la crianza de ganado bajo la *práctica de no manejo*, explicando el gran potencial pecuario de la región tomando en cuenta las limitaciones que existen para cultivar en la sabana inundable.

El trabajo insta a que los ganaderos conozcan mejor las comunidades vegetales y los pastos de valor forrajero de sus campos, además de otras plantas indicadoras de biodiversidad y del estado de la pradera y el suelo. Convoca a que la producción pecuaria en la región se adapte a las características de su ecosistema. Incluye una descripción botánica de las especies vegetales más importantes.

El libro plantea los problemas estructurales de Bolivia y la crisis institucional que vive actualmente, provocando un desorden territorial que afecta tanto a áreas urbanas como rurales. Además, analiza la confusión generalizada entre sostenibilidad y conservación, lo que lleva a un falso debate entre conservacionistas y desarrollistas.

El estudio describe las características de la ganadería bovina en Bolivia, sus falencias y sus oportunidades para exportación de carne. Se plantean actividades concretas para alcanzar una ganadería sostenible en sus diferentes ecorregiones con propuestas de indicadores especificadas en cinco componentes.

El libro presenta una guía en base a estos pilares con pasos concretos de actividades centradas en el pastoreo controlado, la adaptación al ecosistema y la gestión eficiente de suelos y agua, y analiza las diferentes posibilidades de certificación para acceder a mercados que exigen el cumplimiento de normas de sostenibilidad.

Palabras clave: sabana inundable, ganadería sostenible, sostenibilidad, conservación, pastoreo controlado, adaptación basada en ecosistemas.

Ganadería ecológica en las sabanas inundables de Bolivia

MENSAJES PRINCIPALES

Ganadería Sostenible es producir ganado en forma rentable en base a pastoreo controlado, adaptación al ecosistema y gestión de suelos y agua.

La base fundamental de la Ganadería Sostenible es el pastoreo controlado.

Si no se tiene clara la diferencia entre sostenibilidad y conservación es difícil demostrar que el desarrollo sostenible y la conservación son posibles.

Los ecosistemas de sabana inundable son escasos en el mundo y Bolivia tiene el privilegio de contar con más de 12 millones de ha de praderas naturales.

La sabana inundable tiene un gran potencial pecuario con menor riesgo financiero en comparación a la agricultura.

El plan más importante que debe cumplir toda inversión agropecuaria, además del PLUS y el POP, es el Plan de Negocios.

Una inversión agropecuaria es efímera si es a expensas de los recursos naturales.

La productividad de la ganadería avanza más lentamente que la de la agricultura porque está basada en una tecnología de procesos; la agricultura en una tecnología de insumos.

La producción agropecuaria sostenible es la que se adapta a su ecosistema.

ACRÓNIMOS Y ABREVIATURAS

AbE	Adaptación basada en Ecosistemas
ABT	Autoridad de Fiscalización y Control Social de Bosques y Tierra
ALC	América Latina y el Caribe
ANAPO	Asociación de Productores de Oleaginosas y Trigo
ANMI	Área Natural de Manejo Integrado
AP	Área Protegida
BDP	Banco de Desarrollo Productivo
BFC	Bolivian Food Company. Frigorífico
BPG	Buenas Prácticas Ganaderas
BPP	Buenas Prácticas Pecuarias
CC	Cambio Climático
CDB	Convención sobre la Diversidad Biológica
CETABOL	Centro Tecnológico Agropecuario en Bolivia
CIAT	Centro de Investigación Agrícola Tropical
CMNUCC	Convención Marco de las Naciones Unidas sobre el Cambio Climático
CND o NDC	Contribuciones Nacionalmente Determinadas (en inglés NDC)

CREA ABCREA Asociación Boliviana de Consorcios Regionales de Experimentación Agrícola

cv. Cultivar

FAN Fundación Amigos de la Naturaleza

FAO Organización de las Naciones Unidas para la Alimentación y la Agricultura

FCBC Fundación para la Conservación del Bosque Chiquitano

FEGABENI Federación de Ganaderos del Beni

FEGASACRUZ Federación de Ganaderos de Santa Cruz

FES Función Económico Social

FRIDOSA Frigorífico del Oriente S.A.

FRIGOR Frigorífico Santa Cruz S.A.

GAM Gobierno Autónomo Municipal

GAD SC Gobierno Autónomo Departamental de Santa Cruz

GDP Ganancia Diaria de Peso

GIZ Gesellschaft für Internationale Zusammenarbeit (Cooperación alemana)

GIRH Gestión Integrada de Recursos Hídricos

GRSB Global Roundtable for Sustainable Beef. Mesa Redonda Global sobre Carne Sostenible

GS Ganadería Sostenible

IBCE	Instituto Boliviano de Comercio Exterior
INIAF	Instituto Nacional de Innovación Agropecuaria y Forestal
INRA	Instituto Nacional de Reforma Agraria
MAE	Ministerio de Ambiente de Ecuador
MBCS	Mesa Boliviana de Carne Sostenible
MDRyT	Ministerio de Desarrollo Rural y Tierras
MDSP	Ministerio de Desarrollo Sostenible y Planificación
MMAyA	Ministerio de Medio Ambiente y Agua
MS	Materia Seca
NAMA	Acciones de Mitigación Nacionalmente Adecuadas (por sus siglas en inglés)
ODS	Objetivos de Desarrollo Sostenible
PLUS	Plan de Uso de Suelo
PMOT	Plan Municipal de Ordenamiento Territorial
P.O.	Puro de Origen
POA	Plan Operativo Anual
POP	Plan de Ordenamiento Predial
PRV	Pastoreo Racional Voisin
PTDI	Plan Territorial de Desarrollo Integral

RAISG	Red Amazónica de Información Socio-ambiental Georreferenciada
SENAMHI	Servicio Nacional de Meteorología e Hidrología
SENASAG	Servicio Nacional de Sanidad Agropecuaria e Inocuidad Alimentaria
SERNAP	Servicio Nacional de Áreas Protegidas
SDSN	Red de Soluciones para el Desarrollo Sostenible
SSP	Sistemas Silvopastoriles
TCO	Tierra Comunitaria de Origen
TIOC	Territorio Indígena Originario Campesino
UA	Unidad Animal
UICN	Unión Internacional para la Conservación de la Naturaleza
UGRM	Universidad Mayor Gabriel René Moreno
UAB	Universidad Autónoma del Beni
var.	Variedad

GLOSARIO

Anelorada: Raza de cruzamiento aleatorio de ganado criollo (taurino) o de ganado mestizo (taurino cebuíno) con ganado de raza Nelore (cebuíno).

Angus: Raza taurina productora de carne. Se utiliza en Bolivia para cruces industriales con las razas Nelore, Senepol y otras. Proviene de la población escocesa Aberdeen Angus y es de pelaje rojo (red Angus) o negro (Black Angus). En Bolivia se utiliza la raza Brangus que es el cruce de Black Angus con Brahman.

Biocenosis: Conjunto de seres vivos que habitan en un determinado lugar, como el suelo, por ejemplo.

Bioma: Conjunto de ecosistemas.

Bosque Seco Chiquitano: Ecosistema de bosque en la región de la Chiquitanía de aprox. 20 millones de hectáreas cuya mayor parte se encuentra en el departamento de Santa Cruz, Bolivia; es el bosque seco tropical más grande del mundo.

Brahman: Raza cebuína desarrollada en Estados Unidos en base al cruzamiento de otras razas cebuínas como Guzerat, Nelore, Gyr y Krishna Valley que llegaron a ese país en diferentes embarques entre 1854 y 1946. Se adapta bien a climas tropicales y tiene mejor aptitud materna que otras razas cebuínas.

Brangus: Raza bovina híbrida resultante del cruzamiento entre las razas Brahman (cebuína creada en EEUU) y Angus, de las cuales toma características originales en porcentajes adecuados para la crianza comercial. El novillo Brangus es muy eficiente en la conversión de kilos y por eso en Bolivia es una raza muy usada para cruces industriales.

Cambio Climático: Cambio de clima atribuido directa o indirectamente a la actividad humana que altera la composición de la atmósfera mundial y que se suma a la variabilidad natural del clima observada durante periodos de tiempo comparables. Es un incremento de la temperatura media en todo el planeta que está conduciendo a eventos climáticos extremos, como sequías, heladas, inundaciones, tormentas severas y otros fenómenos.

Carga animal: número de animales que pueden pastorear en un potrero de una hectárea en un período de tiempo determinado, sin causar daño al forraje. Se expresa en Unidades Animales por hectárea, UA/ha, que corresponde a un bovino de 450 Kg de peso vivo por ha.

Cebuíno: Bovino originario de Asia (India y Paquistán).

Criollo: Ganado taurino originalmente introducido a Bolivia durante la colonia. Se conservan algunos hatos criollos genuinos como el criollo yacumeño (de la provincia Yacuma del Beni) en predios de la Universidad Gabriel René Moreno (UGRM) de Santa Cruz. Es una raza valiosa genéticamente por su adaptación de varios siglos a las condiciones tropicales de Bolivia; una fuente de genes para crear razas mestizas locales. Es importante desarrollar políticas gubernamentales para protegerla como valioso recurso zoogenético.

Cruce industrial: Cruzamiento entre individuos de razas diferentes para aumentar la eficiencia en la producción de carne, que se detiene en la primera generación (sólo se usa la F1).

Cultivar cv: Especie que el ser humano selecciona.

Ecología: Estudio de las interrelaciones entre organismos vivos y su ambiente.

Ecorregión: Conjunto de comunidades naturales geográficamente delimitadas y que comparten la gran mayoría de sus especies, dinámica ecológica, condiciones ambientales, y cuyas interacciones ecológicas son cruciales para su permanencia a largo plazo.

Ecosistema: Conjunto de seres vivos que existen e interactúan con los componentes químicos y físicos del espacio que ocupan (agua, suelo, aire).

Eficiencia de stock: Es una estimación de los kg de producción que se extraen de un predio por año por cada 100 kg de peso vivo. Se expresa en porcentaje y se obtiene dividiendo la producción de carne por la carga media anual, ambos expresados en kilos por hectárea.

Félidos: La palabra félidos incluye a todos los gatos de monte, al puma y al jaguar. El término felinos solo incluye a los gatos pequeños y al puma. El jaguar no es un felino sino un félido por estar más emparentado con los tigres y los leones africanos que con los gatos silvestres.

Ganadería regenerativa: La ganadería sostenible es regenerativa. Ambas tienen las mismas características en cuanto a la regeneración de suelos y al pastoreo controlado.

Ganadería ecológica: La ganadería sostenible es ecológica. Es la relación del ganado con su ambiente desarrollando prácticas ganaderas adaptadas al ecosistema, basadas en la naturaleza del lugar.

GDP: Ganancia Diaria de Peso que se expresa en Kg.

Gyr: Raza de ganado cebuíno de la península de Kathiawar en la India (también se escribe Gir) para la producción de leche en climas cálidos; muy productiva por su rusticidad, resistencia y alta adaptabilidad al medio tropical. En Bolivia se ha desarrollado una excelente genética y se utiliza ampliamente en cruzamiento con la raza lechera taurina Holstein, cruce llamado girholando.

Huella hídrica: Es un indicador del uso de agua dulce que hace referencia tanto a su uso directo como indirecto por parte de un consumidor o productor.

Mestizo: Ganado mal llamado criollo. Es el resultado del cruzamiento del criollo con diversas razas, ya sean taurinas o cebuínas.

Nelore: Raza cebuína de ganado que se originó del ganado vacuno Ongole originalmente traído a Brasil desde la India (y del Brasil a Bolivia). Lleva el nombre del distrito de Nelore en el estado de Andhra Pradesh en la India (por eso también se le llama Nelore). Sus características más conocidas son su gran joroba sobre la parte superior del hombro y el cuello y su pelaje blanco, gris y manchado de gris. Es la raza más importante de Bolivia por haber desarrollado una excelente genética que se exporta como semen y embriones.

Núcleos nutricionales: Son mezclas de productos de diferente origen (cereal, tortas oleaginosas, etc.) que se enriquecen con vitaminas y minerales principalmente, pero que también pueden incorporar aditivos nutricionales con un interés determinado para una especie animal en concreto.

Pastoreo de conservación: pastoreo racional que conserva suelo, forraje y animal.

Pastoreo diferido: aprovechamiento del pasto en determinadas épocas del año para favorecer la producción de semilla y asegurar su persistencia.

Pastoreo racional: Sistema que consiste en dividir toda el área de una pastura en más de dos potreros, mientras uno permanece ocupado los demás se encuentran en descanso. Con esto se logra reducir la superficie total de pastoreo y obliga al ganado a consumir el forraje de manera más uniforme.

Pastoreo Racional Voisin PRV: Sistema de manejo del pastoreo racional que busca armonizar la relación entre la vegetación, los animales y el suelo bajo la intervención del hombre. Fue creado por el bioquímico francés André Voisin en 1947.

Práctica del no manejo: Se refiere a la ganadería en la que se larga ganado al campo sin ningún control para que vague por donde pueda comiendo forraje natural. Para ampliar su área de pastoreo se desbosca y quema. El pasto no consumido y lignificado se quema cada año.

Resiliencia: Capacidad de los sistemas naturales o sociales para recuperarse o soportar los efectos derivados de una perturbación. Un sistema es resiliente cuando tiene mayor capacidad de adaptación, sostenibilidad, conectividad y diversidad.

Salivazo: Insecto (*Deois flavopicta*) también llamado cigarrita, mión o salivazo de los pastos, que causa daños a cultivos de gramíneas. Las hembras ponen huevos en el suelo, cerca de las plantas hospederas y forman un líquido espumoso blanco similar a la saliva.

Senepol: raza sintética creada cruzando las taurinas N´Dama y Red Poll en la Isla de St. Croix ubicada en la parte central del Caribe. El ganado N'Dama es originario de Senegal, África (Senepol es la combinación de nombres Senegal - Red Poll).

Sindhi o Sindi: raza de ganado de doble propósito de pelaje rojo. Se originó en la provincia de Sindh de Pakistán y se utiliza ampliamente para la producción de leche en Pakistán, India, Bangladesh, Sri Lanka y otros países.

Sistemas Silvo-Pastoriles[1]**:** Sistema de manejo que posibilita en un predio, en áreas con aptitud de uso diferentes, el manejo de bosques y ganadería, respetando la capacidad de uso del suelo, combinando en una misma superficie, árboles y arbustos del bosque nativo o implantado, con fines de protección, sombra y alimento para evitar el deterioro acelerado del suelo, en combinación con pasturas destinadas a la ganadería.

Sostenible: sinónimo de sustentable según el Diccionario de la lengua española. Real Academia Española (actualización 2023).
1. adj. Que se puede sostener. Opinión, situación sostenible.
2. adj. Especialmente en ecología y economía, que se puede mantener durant e largo tiempo sin
agotar los recursos o causar grave daño al medio ambiente. Desarrollo, econ omía sostenible. Sin.: Sustentable.

Taurino: Bovino originario de Europa.

Tierras bajas[2]**:** regiones entre altitudes aproximadas de 100 - 800 m.s.n.m.

Trashumancia: traslado de ganado a lugares con forraje natural temporal donde pastorea libremente.

Variedad var.: especie que la naturaleza selecciona.

---

[1] Definición textual del Manual de elaboración de POP. ABT, 2020.
[2] Definición textual de Ibisch y Mérida, 2003.

PRÓLOGO

Se han introducido muchos cambios con respecto a la primera edición de este libro, que fue publicada hace doce años, tanto por los cambios socioeconómicos ocurridos en el país, la región y el mundo como por las nuevas experiencias vividas por el autor como consultor en Ganadería Sostenible.

De hecho, el nombre del libro tendría que haber sufrido una ligera variación que sería "Ganadería Sostenible en las sabanas inundables de Bolivia", en vez de ganadería ecológica. Se mantiene el título original para que no se entienda que se trata de un libro diferente y porque el término ganadería ecológica expresa igualmente que se trata de una ganadería sostenible. Estos términos y otros recientemente aparecidos para las nuevas propuestas de desarrollar la ganadería, como *regenerativa, holística, biomimética*, se analizan en el libro.

Se analiza además el hecho curioso de que el idioma castellano es el único que pretende que para describir un proceso "que se puede mantener durante largo tiempo sin agotar los recursos o causar grave daño al medio ambiente", existan dos expresiones "similares, pero no iguales": sostenible y sustentable. Ningún otro idioma de uso frecuente como el portugués, inglés, francés o alemán utiliza dos locuciones para esto sino una sola que, respectivamente, es *sustentável, sustainable, durable y nachhaltig*. Según la RAE sostenible y sustentable son sinónimos y esto es además lo que vale para fines prácticos, sin caer en la verborrea con la que muchos pretenden explicar la diferencia.

Esa misma tendencia a la divagación de términos es frecuente en los estudios para abordar lo que es la Ganadería Sostenible, con definiciones grandilocuentes que no le dicen nada al gran público y menos al productor ganadero. Este libro está dirigido a aclarar lo mejor posible conceptos claves y a simplificar los procesos, en base a los 20 años de experiencia del autor como ganadero.

El estudio añade una explicación resumida de los problemas estructurales del país y su desordenamiento territorial, datos que son importantes para interpretar la lentitud con que Bolivia avanza en su camino para alcanzar a ser un gran centro regional de producción de alimentos y de manejo forestal, dejando definitivamente superada y en el pasado su fama como extractor de hidrocarburos y minas.

El autor espera aportar con este libro, auspiciado por su propio entorno y por la gentileza de la editorial, al desarrollo y consolidación de la agropecuaria y el manejo forestal en general y a la ganadería sostenible en particular, a través de la coordinación con productores, inversionistas, financiadores, certificadores y gestores de políticas públicas.

Ganadería ecológica en las sabanas inundables de Bolivia

I. INTRODUCCIÓN

América Latina y el Caribe componen la región de mayor exportación de alimentos del planeta y la primera exportadora mundial de carne bovina, lo que significa una gran responsabilidad y desafío para el sector pecuario, ante el masivo incremento global de la demanda de alimentos de origen animal que está experimentando el mundo.

Sin embargo, el proceso de expansión de la ganadería que están viviendo los países de la región representa tanto una oportunidad como una amenaza para el desarrollo sostenible. Por un lado, es una oportunidad para generar riqueza y mitigar la pobreza si se toman las decisiones políticas adecuadas y si se promueven sistemas de producción ganaderos sostenibles y amigables con el ambiente. Por el otro, es una amenaza si la expansión de la actividad continúa sin considerar los costos ambientales y los potenciales efectos de marginalización de los pequeños productores que generaría una estrategia tradicional de negocios (FAO, 2008).

En una economía como la de Bolivia, permanentemente anclada en la explotación de recursos naturales no renovables como los hidrocarburos, la minería y el litio - a los que se denomina productos tradicionales - la exportación de excedentes de carne bovina es una gran oportunidad para la obtención de divisas, tal como ya ocurre con otros productos agropecuarios llamados no tradicionales. La industria cárnica ha estado en permanente ascenso desde el año 2012 con un salto exponencial desde el año 2019, permitiendo al país exportar el 5% (21.241 ton) de su producción, que en el año 2022 alcanzó a 330.806 ton de carne. Dadas las promisorias mejoras en la producción, al 2024 su cupo de exportación[3] será ampliado a 37.000 ton.

El año 2022 las ventas de productos no tradicionales, que en un 80% son alimentos, superaron a las de hidrocarburos. La producción agroindustrial está diversificada en la exportación de torta y aceite de soya, carnes, aceite de girasol, quinua, azúcar, harina de habas, leche y natas, semillas de sésamo, café, maníes, sorgo, palmito y banana. El sector agropecuario es uno de los que no dejó de crecer en el año de la pandemia 2020 junto con los de

---

[3] En Bolivia actualmente el Estado restringe las exportaciones de productos alimenticios con el argumento de velar por la seguridad alimentaria a la que más bien se pone en riesgo al coartar la producción privada.

comunicaciones y servicios de la administración pública (IBCE, 2023). El año 2014 las exportaciones de gas representaban el 51% de total de las ventas externas, mientras que, en 2023, entre enero y octubre, la manufactura registra el 52 %, de las ventas al comercio exterior (INE, 2023).

Esto demuestra que la agropecuaria (que aporta el 12,4% del PIB[4]), junto con otras actividades como la industria, el turismo y los servicios digitales, representa una gran oportunidad para el cambio de la matriz económica de Bolivia en circunstancias cruciales tanto para el país, que requiere de divisas ante la caída de la producción y de los precios de sus productos tradicionales, como para las finanzas del mundo ante la urgencia de adaptación y mitigación al Cambio Climático.

Sin embargo, en la producción de carne bovina es un gran desafío desarrollar una Ganadería Sostenible evitando las prácticas tradicionales que tienen significativos efectos sobre casi todos los aspectos del ambiente, ya sea a través de la huella hídrica de la producción, de sus efectos en la alteración del paisaje, en forma directa a través del pastoreo y la incorporación de nuevas tierras para pastos, o en forma indirecta a través de la expansión de la producción de granos destinados a la alimentación del ganado. Esto genera un preocupante panorama en el que la falta de políticas activas en pro de una Ganadería Sostenible está resultando en una progresiva degradación de los recursos naturales, el aumento de la deforestación, la pérdida de biodiversidad y de servicios ecosistémicos, y en el aumento de la vulnerabilidad al Cambio Climático en los países de América Latina y el Caribe.

Ante esta situación se requiere que se promuevan iniciativas para la prevención y mitigación de los efectos ambientales indeseables de la actividad. Para ello se necesita que en los países de la región se fortalezcan los marcos de políticas públicas que favorezcan el desarrollo de una Ganadería Sostenible y eco-amigable, se consoliden y articulen las capacidades institucionales entre los organismos encargados de abordar las interacciones entre la ganadería y el ambiente, y se promueva la generación y adopción de tecnologías agropecuarias productivas integrales. Únicamente el desarrollo de una estrategia consensuada para una Ganadería Sostenible permitirá evitar la

---

[4] Datos del IBCE del año 2022.

dilapidación del capital natural de los países de la región y la pérdida de oportunidades de desarrollo sostenible en el futuro (FAO, 2008). Esto es particularmente importante para economías ancladas secularmente en productos no renovables.

Hasta ahora, ante las demandas de la sociedad para desarrollar una agropecuaria menos basada en la deforestación, Bolivia se debate en innumerables buenas intenciones y en una profusión de planteamientos individuales que no definen una política estatal coherente y consensuada en base a protocolos que permitan una certificación reconocida internacionalmente para la producción responsable de los principales cultivos agrícolas (soya, caña de azúcar, sorgo y maíz) y de carne bovina.

Esto se debe a problemas estructurales del país - que deben conocerse para proponer políticas públicas - que divaga en una crisis institucional que amenaza a todas las actividades y que permite la ocupación caótica del territorio a través de una invasión permanente de poblaciones favorecidas por el clientelismo político. Bolivia se debate en un desordenamiento territorial en el que constantemente se confunde la sostenibilidad con la conservación, lo que ha conducido a que entre los años 2010 y 2020 haya desaparecido un 5,5% de cobertura boscosa. En 30 años el país perdió 7 millones de hectáreas de bosque, de los cuales 2.8 millones de hectáreas desaparecieron en la última década[5]. No se respetan las áreas protegidas ni sus diferentes categorías (que en total alcanzan a 29 millones de ha; 29% de la superficie total del país. Ver anexo 2) ni se define claramente qué actividades son permitidas - con indicadores concretos - en categorías como las Áreas Naturales de Manejo Integrado (ANMI) o las Tierras Comunitarias de Origen (TCO) que en la práctica son eufemismos para invadir áreas protegidas.

Actualmente, del total de la extensión territorial de Bolivia de 1.098.581 Km2, el 29% es tierra fiscal (en una mixtura de áreas protegidas y sus diferentes categorías); el 28% es propiedad de campesinos e interculturales; el 27% es territorio comunitario de origen (en combinación confusa con parques); y el 16% es producido por medianos y grandes agricultores. La distribución de la tierra destinada a sectores indígenas, originarios y campesinos puede llegar a beneficiarlos hasta con el 84% del área rural del país, considerando que - de

---

[5] Tercera Comunicación Nacional del Estado Plurinacional de Bolivia ante la CMNUCC, 2022.

acuerdo con la Ley 3545[6] - las tierras fiscales deben ser entregadas en exclusividad a comunidades, lo que deja a los principales productores de alimentos del país con el 16% de las tierras (Análisis jurídico de ANAPO, 2023 con datos del INRA 2023).

El 84% del área rural del país que será paulatinamente ocupada por sectores indígenas, originarios y campesinos, carece de una estructura estatal de extensión agropecuaria que los apoye efectivamente para salir de una agricultura de subsistencia. El trabajo del Estado es totalmente desarticulado, disperso, en base a apoyos circunstanciales que no son más que paliativos insuficientes. En vez de fortalecer la infraestructura y la capacidad técnica del agricultor en base a una política nacional de desarrollo agropecuario que apuntale y fortalezca la extensión agropecuaria, el Estado compite con el sector privado instalando industrias cuyo objetivo es el de capturar votantes con el eufemismo de crear fuentes de trabajo.

En el contexto mundial actual de Cambio Climático en el que los países subdesarrollados demandan financiamiento para hacer frente a los efectos meteorológicos adversos, es necesario crear confianza para viabilizar inversiones sostenibles y para reducir la impresión de que nuestros países son riesgosos. Actualmente una nueva generación, mejor formada y consciente de que un fracaso económico agropecuario desprestigia y reduce la confianza en una región, está a cargo de la producción agropecuaria. Sabiendo que los recursos naturales son el principal activo de estos emprendimientos, introducen prácticas con una nueva capacidad de gestión que erradican el sistema tradicional de producción de ganado.

El presente trabajo está dedicado a productores con esa nueva mentalidad, como también a inversionistas, financiadores, certificadores y gestores de políticas públicas, y presenta las características que podría desarrollar una pecuaria ecológica en las sabanas inundables de Bolivia situadas en los Llanos de Moxos, departamento del Beni[7], y en el Pantanal, departamento de Santa Cruz, que constituyen respectivamente el mayor ecosistema de sabanas y

---

[6] Ley N° 3545 de Reconducción comunitaria de la Reforma Agraria; modifica la Ley Nº 1715 INRA.

[7] Se dice del Beni y no de Beni porque el nombre del departamento se origina en el de uno de sus ríos navegables más importantes, por lo que en rigor el nombre del departamento sería "del río Beni". En alusión al río se acorta como departamento del Beni.

humedales tanto de la cuenca amazónica como de la cuenca del Río de la Plata[8] con 12,78 millones de ha en las que pastan 3,4 millones de cabezas de bovinos[9].

El estudio pone énfasis en señalar las áreas protegidas, las ANMI y las Tierras Comunitarias de Origen (TCO) que están dentro de los Llanos de Moxos y Pantanal debido a que plantea prácticas de Ganadería Sostenible que con mayor razón deben ser aplicadas en áreas con restricciones para la producción, que alcanzan una superficie de 7 millones de ha, representando el 55% del área total.

Se propone además una guía que define actividades concretas paso a paso para el uso racional de la pradera natural con el objetivo de alcanzar máximos niveles de producción compatibles con su renovación indefinida. Cada paso es un indicador que faculta el acceso a la certificación de carne sostenible destinada a mercados selectivos internos y externos.

---

[8] El territorio de Bolivia tiene tres cuencas, Amazónica, Río de la Plata y la cuenca cerrada del Altiplano. Esta última cuenta también con extensos campos naturales de pastoreo que han ido desapareciendo por mal manejo.

[9] 3,1 millones de cabezas en los Llanos de Moxos y 340.000 cabezas en el Pantanal. Cálculo en base a datos de FEGABENI-AGRITERRA, 2018 y FEGASACRUZ 2022.

II. SOSTENIBILIDAD Y CONSERVACIÓN

A través de la experiencia de varios años en la producción ganadera y en la revisión y discusión de diversos planteamientos para definir políticas públicas que permitan el desarrollo de ésta y otras actividades económicas agropecuarias, se ha verificado una permanente confusión entre sostenibilidad y conservación. Esta imprecisión ha conducido a que en Bolivia no se respete ni entienda adecuadamente lo que significa un área protegida, a imaginar que la actividad agropecuaria es ambientalmente inviable si se elimina la vegetación original[10] y a creer que el manejo forestal no conserva los bosques ni garantiza los servicios ambientales. Si no se tiene clara la diferencia entre sostenibilidad y conservación, será muy difícil demostrar en la teoría y en la práctica que el desarrollo sostenible y la conservación son posibles y viables. Es por esto importante definir claramente estos conceptos para evitar ambigüedades, adoptando términos de consenso general que contribuyan a informar al público y a que el país cuente con un ordenamiento territorial que defina claramente las áreas destinadas a estas actividades[11].

Áreas de producción sostenible

La definición de sostenibilidad ya fue consensuada y acordada a través de un informe elaborado por distintas naciones en 1987 para la ONU, por una comisión encabezada por la doctora Gro Harlem Brundtland, entonces primera ministra de Noruega (Informe Brundtland, 1987). En este informe se utilizó oficialmente el término *desarrollo sostenible*, definido como aquel que *satisface las necesidades del presente sin comprometer las necesidades de las futuras generaciones*, concepto introducido en el lenguaje de las ciencias económicas por el economista germano-británico Ernst Friedrich Schumacher. Plantea un cambio muy importante en cuanto a la idea de sustentabilidad

---

[10] Un ejemplo de esta confusión es la falacia de que la producción de granos para la industria pecuaria no es sostenible: "productos cuyas cadenas de valor son actualmente poco sostenibles (como la soya) (GTLM)". Esto está basado en el concepto de que no hay sostenibilidad si hay cambio de uso de suelo y se elimina la vegetación original, confundiendo conservación con sostenibilidad. Según eso los enormes campos actuales de gramíneas y canola de Europa – y tantos otros cultivos milenarios - en áreas que algún día fueron bosques, no son sostenibles, lo cual es totalmente falso. La difusión de estas falacias reduce la credibilidad de quienes las pregonan.

[11] En este entendido, el Tribunal Agroambiental Nacional divide sus actividades entre lo agrario, relacionado con la sostenibilidad, y lo ambiental, relacionado con la conservación.

(sinónimo de sostenibilidad[12]), principalmente ecológica, y a un marco que da también énfasis al contexto económico y social del desarrollo. El informe impulsó oficialmente la necesidad de abrazar el desarrollo sostenible como política de Estado entre las naciones que integran la ONU. Es esta definición de desarrollo sostenible que aplica la Ley de Medio Ambiente 1333 de Bolivia (art. 2º).

La Declaración de Río de Janeiro sobre Medio Ambiente y Desarrollo de 1992 formalizó el concepto de *desarrollo sostenible* a través de una serie de principios, comúnmente denominados Principios de Río. El año 2010 uno de los resultados más importantes de Rio+20 fue el lanzamiento del proceso de establecimiento de Objetivos de *Desarrollo **Sostenible*** (ODS) que significaría la fusión del proceso internacional hacia el desarrollo sostenible con la agenda internacional de desarrollo para el período post-2015, dando un paso importante hacia la real integración del desarrollo sostenible como concepto orientador, más allá de las instituciones ambientales y el discurso (CEPAL, 2023).

El cambio de uso del suelo no significa que no sea un proceso sostenible, pero puede provocar una "alteración irreversible de los sistemas que sostienen (sustentan) la vida en nuestro planeta". Gran parte de Europa y Asia han cambiado el uso de suelos desde hace siglos convirtiendo extensas áreas de bosques en áreas de cultivo que hoy siguen produciendo. No han tenido una alteración irreversible en la mayor parte de los sistemas que los sostienen debido al adecuado manejo de recursos naturales como los suelos y los recursos hídricos. No han comprometido las necesidades de las futuras generaciones que continúan produciendo en estas áreas. Sin embargo, han sido alteradas áreas silvestres en las que existían dinámicas de biodiversidad que son las que permiten la adaptación y resiliencia a los cambios climáticos y dan lugar a servicios ambientales. Para evitar estas alteraciones se crean las áreas protegidas que son (o deberían ser) intocables, y en las que la alteración de los suelos es (o debería ser) delito.

---

[12] Como establece la RAE, sostenible es sinónimo de sustentable. Sólo el idioma castellano, esgrimiendo especulaciones argumentativas, pretende tener dos palabras para sostenible cuando el resto de los idiomas más usados (portugués, inglés, francés y alemán) tiene una sola: *sustentável, sustainable, durable, nachhaltig*.

Ganadería ecológica en las sabanas inundables de Bolivia

Toda intervención humana en un ambiente determinado implica una alteración de sus características y de la dinámica en su diversidad biológica. Con excepción de grupos nativos que han desarrollado capacidades particulares para vivir en un ambiente sin modificarlo significativamente, el ser humano que persigue excedentes de producción y está inmerso en el mundo del intercambio comercial, trastorna intensamente el medio ambiente y debe buscar mecanismos que permitan que esas perturbaciones no comprometan la capacidad productiva de su entorno para que las siguientes generaciones continúen satisfaciendo sus requerimientos de alimentación y vivienda. Si existe intervención a través de actividades humanas en la vida silvestre éstas deben estar claramente definidas y debe quedar claro que en áreas protegidas no pueden existir asentamientos humanos.

La superficie actual cultivada en Bolivia[13] está basada en inversiones importantes en las que los recursos naturales como el agua y el suelo son los activos principales. El agricultor es el principal interesado en velar por estos y otros recursos porque de su sostenibilidad depende su economía. La producción sostenible está basada en la responsabilidad ambiental porque como negocio su objetivo es ser perdurable; una agropecuaria es efímera si es a expensas de los recursos naturales.

Por eso no es razonable que en las Conferencias de Partes (COP) la participación de la agricultura haya sido prácticamente nula. Recién en los últimos años empieza a haber presencia de temas agrícolas, de alimentación y de comercio agropecuario que demandan una comprensión de temas ambientales (IICA, 2023).

En Bolivia el desordenamiento territorial ocasionado por la debilidad institucional y el clientelismo político da lugar a la ocupación de tierras sin uso económico, lo que provoca distorsiones en los datos. Según algunos estudios sobre la deforestación en la cuenca amazónica de Bolivia, 6,3 millones de ha deforestadas figuran como si fueran parte de un "crecimiento de la cobertura agrícola y las pasturas ganaderas" (Moreno & Camargo, 2022). Esta cifra contrasta con el registro oficial del área total cultivada en Bolivia al 2022, que

---

[13] 4,4 millones de ha que incluyen el cultivo de forraje en 121.000 ha (Facultad de Ciencias Agrícolas de la UGRM, 2024).

Ganadería ecológica en las sabanas inundables de Bolivia

es de 4,4 millones de ha (Facultad de Ciencias Agrícolas de la UGRM, 2024), lo que significa que más de 2 millones de ha son en gran parte áreas dedicadas a agricultura sin inversiones cuya cosecha es principalmente para autoconsumo, lo que hace que no sean parte del registro de la producción agrícola nacional. También son áreas desboscadas y sin uso porque se destinan a especulación con el valor de la tierra; o representan "áreas en las que no se distingue entre la agricultura y el pasto, debido a que son superficies pequeñas o de uso mixto, entre otros motivos metodológicos" (Moreno & Camargo, 2022).

Al no tener claridad en el país en cuanto a definir las áreas destinadas a producción sostenible y a protección para conservación, la regulación de actividades se complica y el resultado es el desordenamiento territorial actual. Es una ocupación caótica del territorio como resultado de la reducida industrialización que obliga a que los sectores pobres desempleados se dediquen a labores agropecuarias de subsistencia, sin adecuadas inversiones. El asalto a tierras rurales que se verifica actualmente no existiría si el país ofreciera empleos formales.

Áreas Protegidas (AP)

La custodia efectiva de las áreas protegidas en el país podría permitir la conservación de grandes ecosistemas en los que no sólo se mantendría y protegería la biodiversidad, sino también las diferentes funciones y beneficios ambientales que los ecosistemas brindan a la humanidad, tal como es el caso de la sabana inundable de los Llanos de Moxos (Beni) y del Pantanal (Santa Cruz), ecosistemas de alta importancia global.

Bolivia cuenta con más de 290.000 Km2 (29% del territorio nacional) de áreas protegidas en 23 parques nacionales y 69 áreas departamentales y municipales en diferentes categorías[14]. En las ecorregiones de sabana inundable de los Llanos de Moxos (Beni) y del Pantanal (Santa Cruz) [15] el área total que debería ser protegida según las áreas definidas departamentales

---

[14] Cifra aproximada de elaboración propia con datos de entidades como SERNAP, PROMETA, CEBEM, SDSN, GTLM, Gobernaciones y Municipios.

[15] Superficie total de los Llanos de Moxos: 9,46 millones de ha. Del Pantanal: 3,33 millones de ha (Ibisch y Mérida, 2003).

alcanza a 7 millones de ha[16], 55% de su territorio, que alcanza a 12,8 millones de ha.

Según el art. 60 de la Ley de Medio Ambiente (Ley 1333), "las Áreas Protegidas constituyen áreas naturales con o sin intervención humana, declaradas bajo protección del Estado mediante disposiciones legales, con el propósito de proteger y conservar los recursos naturales (flora, fauna, suelo y agua) y valores de interés científico, estético, histórico, económico y social, con la finalidad de darle oportunidades de mejorar la calidad de vida a la población. Dependiendo de la importancia de sus recursos culturales, naturales y de biodiversidad y las características de uso por poblaciones locales y agentes externos, las áreas protegidas están clasificadas según diferentes categorías de manejo y gestionadas a diferentes niveles político administrativos. Las áreas protegidas constituyen patrimonio de la nación y son de interés público y social debiéndose mantener su condición natural a perpetuidad".

El Reglamento General de Áreas Protegidas en el art. 19 establece que las seis categorías de manejo son: Parques, Santuarios, Monumentos Naturales, Reservas de Vida Silvestre, Áreas Naturales de Manejo Integrado y Reservas Naturales de Inmovilización[17].

En las primeras tres categorías de Parques, Santuarios y Monumentos Naturales, está prohibida la intervención humana permanente (excepto para actividades de subsistencia de pueblos originarios[18]). Tampoco se permiten asentamientos humanos en la categoría de Reserva Natural de Inmovilización mientras no existan estudios concluyentes para su recategorización y zonificación definitiva. Son áreas cuya evaluación preliminar amerita su protección, pero están en un régimen jurídico transitorio.

En las restantes categorías de Reserva Nacional o Departamental de Vida Silvestre y Área Natural de Manejo Integrado Nacional o Departamental (ANMI) se permiten asentamientos humanos, pero bajo determinadas condiciones. En la primera porque tiene como finalidad proteger, manejar y

---

[16] Superficie de áreas protegidas: 4 millones de ha en los Llanos de Moxos (GTLM, 2022) y más 3 millones de ha en el Pantanal (San Matías y Otuquis) (SERNAP, 2023).

[17] Reglamento General de Áreas Protegidas, 31 de julio de 1997 https://www.lexivox.org/norms/BO-RE-DS24781.html

[18] Como es el caso del Parque Kaa Iya en el que existen grupos de ayoreos no contactados.

utilizar sosteniblemente, bajo vigilancia oficial, la vida silvestre. En la segunda, el ANMI, porque tiene por objeto "compatibilizar la conservación de la diversidad biológica y el desarrollo sostenible de la población local" pero según diferentes zonas de sistemas tradicionales de uso de la tierra, zonas para uso múltiple de recursos naturales y zonas núcleo de protección estricta.

Sin embargo, la realidad está muy alejada de esta reglamentación porque donde no deberían existir asentamientos humanos ya están instaladas muchas comunidades desde hace varios años. En las categorías en las que están permitidos, los asentamientos se hacen sin cumplir las condiciones señaladas en sus planes de manejo debido a su ambigua definición o a interpretaciones interesadas amparadas por la debilidad institucional de las entidades estatales responsables.

Esta caótica tendencia a declarar áreas protegidas sin custodia real motivada por demagogia e intereses políticos pone en riesgo grandes áreas de biodiversidad, como demuestran los casos recurrentes de incendios, deforestaciones y avasallamientos. Ocasiona además una permanente confusión entre sostenibilidad y conservación porque en un país con casi el 30% del territorio nacional de áreas protegidas y con lugares señalados como servidumbres ecológicas, sólo con cumplir la normativa de cada categoría de área protegida se podría avanzar en diferenciar claramente entre los territorios para producir con sostenibilidad (con inversiones de productores agropecuarios) y los territorios para conservar (con inversiones para la gestión adecuada de la protección).

Durante el período 2016-2021 Bolivia experimentó tasas alarmantes de deforestación porque incluso dentro de las áreas protegidas se perdieron más de medio millón de hectáreas de bosques, lo que indica claramente que no están adecuadamente resguardadas; requieren con urgencia más recursos para preservar mejor los ecosistemas únicos que cada área ha sido establecida para conservar. Además, necesitan proporcionar oportunidades económicas para la población local de áreas cercanas que no involucren la deforestación (por ejemplo, el turismo y el manejo forestal[19]) (SDSN, 2023)[20].

---

[19] Actividades que no requieren asentamientos humanos permanentes.
[20] "Deforestación y Áreas protegidas en Bolivia".

Ganadería ecológica en las sabanas inundables de Bolivia

A nivel predial también la obligación de conservar es discrecional. Los Planes de Ordenamiento Predial (POP) norman que en un predio debe haber un ordenamiento en el que se definen los lugares de alto valor de conservación, áreas que deben ser protegidas. Sin embargo, los POP no se cumplen ni se monitorean periódicamente, como establece la ley.

Las figuras legales ambiguas de las distintas categorías que contrastan con la realidad pretenden combinar sostenibilidad y conservación sin definir claramente sus límites ni establecer indicadores, como las ya mencionadas Áreas Naturales de Manejo Integrado (ANMI). La desprotección es latente al verificar que no todas las áreas protegidas cuentan con Plan de Manejo o con una gestión activa y cuando cuentan con éstas son deficientes e incompletas. "Hay fuertes debilidades normativas a nivel municipal, departamental y nacional: en ciertos ámbitos es insuficiente, no reglamentada o no responde a las necesidades; en ocasiones no es coherente; y en general tiene un bajo grado de cumplimiento" (GTLM, 2022). Si bien esto se refiere a los Llanos de Moxos, es evidente que en todo el país existen debilidades institucionales y de gobernanza a nivel territorial, sectorial y departamental e importantes vacíos de gestión en distintos espacios/niveles, así como la falta de control y aplicación de sanciones a las actividades irregulares o ilícitas que dañan al patrimonio natural y cultural (GTLM, 2022).

También se registran distorsiones de datos en las listas de áreas protegidas nacionales, departamentales y municipales en las que el Servicio Nacional de Áreas Protegidas (SERNAP) tiene registros que no coinciden con fuentes de estudios privados, como, por ejemplo, las de la Fundación Amigos de la Naturaleza (FAN), las de la Red de Soluciones para el Desarrollo Sostenible (SDSN por sus siglas en inglés) y las del Grupo de Trabajo de los Llanos de Moxos (GTLM) (ver anexo 2) que han contribuido a tratar de aclarar la profusión de áreas bajo protección. Esta confusión ya indica el grado de deficiente gestión y la demagogia en cuanto a conservación[21].

---

[21] Un ejemplo de esto es el caso del cordón ecológico de la ciudad de Santa Cruz que protege las orillas del río Piraí. El rimbombante Parque Metropolitano del Piraí no cuenta hasta ahora con un plan que establezca si es área pública o privada ni sus usos y restricciones y menos las sanciones a invasores. Todo esto, que es consecuencia de intereses y presiones ante la debilidad institucional, lo condena a desaparecer.

ANMI y Territorios Indígenas

Como se mencionó más arriba, según el Reglamento General de Áreas Protegidas (art. 25), las Áreas Naturales de Manejo Integrado (ANMI) tienen por objeto "compatibilizar la conservación de la diversidad biológica y el desarrollo sostenible de la población local. Constituye un mosaico de unidades que incluyen muestras representativas de ecorregiones, provincias biogeográficas, comunidades naturales o especies de flora y fauna de singular importancia, zonas de sistemas tradicionales de uso de la tierra, zonas para uso múltiple de recursos naturales y zonas núcleo de protección estricta".

Esta definición ambigua en cuanto a "compatibilizar la conservación de la diversidad biológica y el desarrollo sostenible de la población local", utilizada con el pretexto de un desarrollo sostenible no definido claramente, está destruyendo paulatinamente la diversidad biológica de áreas de conservación. Esto conduce a que los parques con ANMI estén cada vez menos protegidos y a que una deficiente gestión de la categoría de ANMI se convierta en un permiso solapado para la lenta y constante invasión sobre los parques que circundan.

La normativa de los ANMI es incompleta o inexistente en la mayoría de los casos y esta imprecisión es aprovechada para todo tipo de actividades que introducen especies de plantas y animales ajenos al ecosistema, sin plantear alternativas compatibles con el entorno. Esto produce profundos impactos en los ecosistemas, como ya lo han demostrado diversas investigaciones.

Todas estas invasiones se hacen con el aval de los municipios y las gobernaciones que, por clientelismo político o ignorancia de la norma, permiten estas violaciones a la ley desprotegiendo los parques. Y es lamentable que muchas ONG y otras entidades no coadyuven en la denuncia contra las autoridades y más bien se presten a cargar la responsabilidad sobre el agronegocio. Con esto evitan denunciar el verdadero problema, que es la debilidad institucional, y eluden asumir con valentía la confrontación con las autoridades, encubriéndolas, además de quedar bien con ciertos financiadores al denostar a las inversiones privadas. Muchas de las inversiones cuyo cambio de uso de suelo está avalado por las autoridades locales y nacionales, se las presenta como invasiones empresariales arbitrarias de destrucción de la vegetación original, confundiendo, pocas veces de buena fe, sostenibilidad con conservación.

Ganadería ecológica en las sabanas inundables de Bolivia

Los Territorios Indígenas son tierras en poder de pueblos nativos a través de ocupaciones milenarias y títulos colectivos. Un área protegida en la categoría de parque que incluye territorios de indígenas ancestrales (único asentamiento humano permitido que muchas veces es nómada) se basa en el entendido de que éstos, por su forma de vida basada en la recolección, la pesca y la caza, alteran muy poco el medio ambiente. Sin embargo, esto se abre a diferentes interpretaciones al no existir una medición clara del impacto que causan en el medio ambiente los diversos manejos tradicionales de las poblaciones autóctonas.

A estas ambigüedades y eufemismos que afectan y amenazan permanentemente a las áreas protegidas de Bolivia se suman los asentamientos de colonos nacionales en parques con territorios indígenas que ya no son sólo de poblaciones originarias sino de migrantes de otros grupos étnicos pertenecientes en su mayoría a tierras altas de valles y altiplano[22]. Esto significa que pasa a un plano de menor importancia la sabiduría de los pueblos nativos que ancestralmente convivieron en el bosque sin alterarlo.

Las *Tierras Comunitarias de Origen* (TCO) pasaron a denominarse *Territorios Indígenas Originario Campesinos* (TIOC)[23], con migrantes que al desconocer los manejos tradicionales de bosques y otras zonas de tierras bajas, tienden a deforestar para instalarse y cultivar. Al carecer de recursos económicos se ven obligados a utilizar el sistema de tala y quema. Esto afecta a diversas ecorregiones de tierras bajas, pero es más grave cuando se verifica en áreas protegidas con categoría de parques con Territorios Indígenas que en algunos casos son territorios autónomos.

En el departamento del Beni se encuentran tituladas 5.575.886 ha (alrededor del 25% de la superficie departamental) a favor de 18 territorios indígenas (Anexo 3). Estas propiedades colectivas cuyo objeto es salvaguardar los modos de vida de los pueblos indígenas que los demandaron, en numerosas ocasiones resultaron en espacios altamente fragmentados y carentes de continuidad territorial. Paralelamente, son escasos los territorios que disponen de *Planes de Gestión Territorial* o de *Planes de Vida hacia el Vivir Bien* vigentes o en

---

[22] El Estado reconoce, protege y garantiza la propiedad comunitaria o colectiva, que comprende el territorio indígena originario campesino, las comunidades interculturales originarias y de las comunidades campesinas. CPE, artículo 394, parágrafo III.
[23] Decreto supremo 0727 del 6 de diciembre de 2010.

implementación, en ocasiones asociados a los planes de manejo de las áreas protegidas con las que se sobreponen (GTLM, 2022).

Como ya se vio más arriba, la categorización difusa de estas áreas, que en varios casos están solapadas por interpretaciones interesadas de carácter político y económico, han creado conceptos ambiguos que ponen en riesgo las áreas que requieren una estricta protección. Estas ambigüedades son las que provocan que a lo largo de los últimos doce años Bolivia esté experimentando un aumento sustancial de incendios forestales y de degradación de bosques, con tragedias nacionales como los incendios de 2019 y 2023, imprecisiones que de no ser corregidas seguirán dando lugar a que se repitan quemas en los próximos años y harán muy difícil cumplir con las Contribuciones Nacionalmente Determinadas (CND o NDC por sus siglas en inglés) ofrecidas por Bolivia con metas para el año 2030 en cuanto a reducir la deforestación (meta 11) y los incendios forestales (meta 13) e incrementar la cobertura de bosques en un millón de hectáreas (meta 15).

Manejo forestal

El manejo forestal es de gran importancia para Bolivia porque cuenta con 50 millones de hectáreas de superficie forestal, lo que significa un enorme potencial para aprovechar y exportar productos hechos con madera tropical fina. Realizando una tala selectiva con un ciclo de rotación de 20 años, los bosques y la biodiversidad pueden ser preservados al mismo tiempo de generar insumos para una industria próspera basada en madera tropical. La prosperidad de esta actividad dependerá del valor que se le añada a la madera, pero se estima que el valor de la madera cosechada de manera sostenible, y mínimamente procesada, podría estar por encima de los 16 mil millones de dólares por año (SDSN, 2023)[24].

Se considera que existe conservación cuando no hay cambio de uso de suelo ni asentamientos humanos permanentes, como el manejo forestal sostenible a través de tala selectiva, lo que en teoría no causa deforestación, ya que no implica un cambio de uso de suelo. En Bolivia, la tasa de pérdida de bosque en las concesiones forestales es menor a la tasa que se registra dentro de las

---

[24] Red de Soluciones para el Desarrollo Sostenible (SDSN por sus siglas en inglés): "Las tasas de deforestación en concesiones forestales son menores que en las AP de Bolivia".

Ganadería ecológica en las sabanas inundables de Bolivia

Áreas Protegidas (AP) y mucho menor a la tasa registrada en áreas fuera de concesiones forestales y AP (SDSN, 2023, ídem) (Hansen et al., 2013).

Como establece la Cámara Forestal de Bolivia, "el manejo forestal sostenible es la mejor solución que existe para conservar los bosques. En la actualidad existen varias empresas asociadas que han culminado su ciclo de corta de 20 hasta 25 años, teniendo resultados como el incremento volumétrico de madera y la biodiversidad que garantiza servicios ambientales como la absorción de gases de efecto invernadero, el mejoramiento de la calidad del aire, la regulación de clima, el almacenamiento y retención de agua, de humedad, la conservación de las diferentes especies de árboles, la polinización, mayor vegetación e incremento de la biodiversidad. Actualmente, solo 2 millones de hectáreas están bajo derecho forestal empresarial, es decir que cuentan con Autorizaciones Transitorias Especiales (ATE) otorgadas por el Estado, de los 28 millones de hectáreas que fueron destinadas exclusivamente para la producción forestal en todo Bolivia. Si el desarrollo del manejo forestal fuera normal y respaldado por el Estado, con seguridad que existieran mayores resultados positivos sociales y económicos para el pueblo boliviano" (Cámara Forestal de Bolivia, 2023)[25].

A esto podría añadirse la negociación de bonos de carbono que por manejo y conservación de bosques y buenas prácticas agropecuarias podría generar 64 mil millones de dólares al año, dado que en promedio Bolivia absorbe 114 ton de CO2 por ha de bosque (Andersen L.E. et al, 2016).

Ante la confusión de las definiciones de las actividades concretas que deben permitirse en las ANMI y dado que la mitad de la deforestación en Bolivia se realiza en suelos de vocación forestal, lo que corresponde en áreas forestales en un país con el 50% de su territorio con bosques es priorizar su manejo.

Ordenamiento territorial

Por todo lo expuesto es fundamental para el desarrollo nacional establecer un ordenamiento territorial real que defina cuánta superficie de áreas protegidas es intocable, en qué áreas protegidas puede desarrollarse manejo forestal y cuáles son las actividades sostenibles permitidas en áreas circundantes, en las

---

[25] https://www.cfb.org.bo/index.php

Ganadería ecológica en las sabanas inundables de Bolivia

ANMI y en territorios de poblaciones indígenas y originarias. La agropecuaria sostenible que no está en AP y ANMI debe contar con indicadores definidos que establezcan las condiciones que debe cumplir la producción de carne bovina, de soya, de caña de azúcar y de cada uno de los cultivos que inciden en la economía de Bolivia. Esto está mejor definido en el caso del uso forestal, pero hasta ahora no se concreta para la agropecuaria, pese a ser productora de commodities de gran importancia para la economía del país.

En la actualidad, es posible afirmar que Bolivia cuenta con las aptitudes de suelos descritas en el cuadro 1 y el gráfico 1 que permitirían un ordenamiento territorial con un enfoque tanto de conservación como de sostenibilidad y la combinación de ambas.

Cuadro 1. Ordenamiento territorial con enfoques de sostenibilidad y/o conservación

APTITUD	SUPERFICIE APTA ha	PORCENTAJE	ENFOQUE
Agropecuaria (4.154.317 ha cultivadas al 2022. 22% de la superficie apta)*	19.640.118	17,88%	Sostenibilidad
Praderas naturales en sabanas inundables (Llanos de Moxos y Pantanal) **	12.798.800	11,65%	Conservación y sostenibilidad
Áreas Protegidas (parques, monumentos, reservas de vida silvestre, santuarios y reservas naturales de inmovilización)****	17.063.799	15,53%	Conservación
Áreas Naturales de Manejo Integrado y Territorios Indígenas***	10.985.810	10,00%	Conservación y sostenibilidad
Superficie forestal***	49.436.145	45,00%	Conservación y sostenibilidad
	109.858.100	100%	

Fuente: elaboración propia en base a datos de:
*Facultad de Ciencias Agrícolas. UAGRM, 2023: 12,15 millones de ha (PLUS 2004) más 7,5 millones de ha (PLUS Beni 2019).
**Ibisch y Mérida, 2003.
*** Cifra aproximada de elaboración propia con datos de SERNAP, Cámara Forestal, SDSN, GTLM, Gobernaciones y Municipios.
**** Servicio Nacional de Áreas Protegidas (SERNAP), 2023.

En base al cuadro 1 podemos observar que:

- Las áreas con enfoques de sólo sostenibilidad y de sólo conservación están, o deberían estar, suficientemente definidas. Las demás, que

- combinan enfoques de sostenibilidad y conservación, están llenas de ambigüedades que hacen riesgosa una gestión que no tenga claros sus indicadores, posibilidades y limitaciones.
- La superficie nacional con aptitud agropecuaria en base a los PLUS es de 17 millones de ha y actualmente sólo se cultiva el 26% del área en 4,4 millones de ha. Los registros de mayor superficie agropecuaria se refieren a zonas de producción no comercial o clandestinas.
- Todo plan de producción sostenible y de conservación debe tener claro cuáles son las áreas del país en las que deben aplicarse estos criterios. Si se considera que existen áreas de alto valor de conservación en las que no debería haber producción agropecuaria éstas deben convertirse en áreas protegidas[26]. Las zonas para producción agropecuaria no deben ser confundidas con áreas protegidas perjudicando inversiones en sistemas modernos sostenibles de desarrollo agropecuario.
- Hasta el presente en Bolivia no se gestiona adecuadamente ni la producción sostenible ni la conservación. En el área rural predomina una situación caótica de ocupación territorial en la que se eliminan bosques para actividades de baja productividad, se invaden zonas fértiles a través del crecimiento desordenado de áreas urbanas y son pocos los casos en los que se verifica una conversión de tierras abandonadas en áreas de producción.
- Actualmente en el mundo las excesivas tendencias conservacionistas llevan a que la producción agropecuaria se reduzca y a que exista una desmotivación en las nuevas generaciones para que asuman el reto de producir alimentos. Esto es consecuencia de confundir sostenibilidad con conservación. A nivel mundial, así como desaparecen bosques, están dejando de existir muchos emprendimientos agrícolas.
- Debe quedar claro que no es posible conservar la biodiversidad habiendo asentamientos humanos (con excepciones muy marcadas de pueblos indígenas originarios). Es posible producir y conservar, pero eso se llama producción sostenible.

---

[26] A fines del año 2023 se creó en el departamento de Pando, en la ecorregión del Bosque Amazónico, el Área Protegida Municipal y ANMI Gran Manupare de 452.639 hectáreas en una región de bosques amazónicos con productos no maderables como la castaña y los frutos amazónicos priorizados (cacao, asahí, copoazú y majo) y maderables a través de manejo forestal. Este acertado criterio debe incluir una definición clara de las actividades permitidas en el ANMI y evitar que sea un lugar abierto a cualquier iniciativa incompatible con la conservación.

Ganadería ecológica en las sabanas inundables de Bolivia

- El presente trabajo se concentra en el planteamiento de prácticas sostenibles definiendo indicadores para desarrollar una ganadería eficiente en las praderas naturales en sabanas inundables que ocupan el 12% de la superficie nacional en 12,8 millones de ha, con un enfoque que combine conservación (en 7 millones de hectáreas que son áreas protegidas en diversas categorías) y sostenibilidad (anexo 1. Mapa 1. Áreas 3.1 y 3.2).

Gráfico 1. Aptitud de suelos en Bolivia

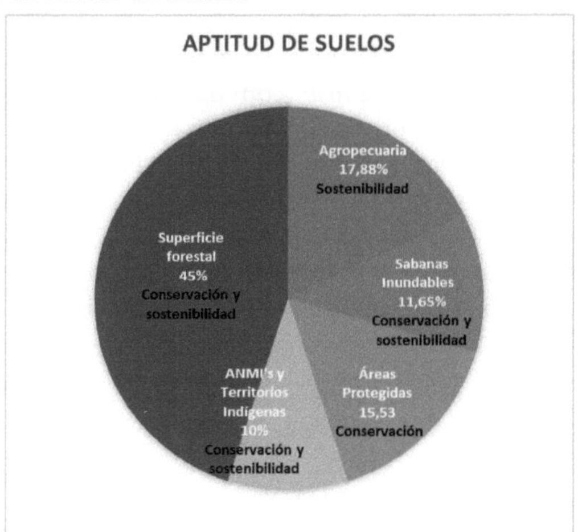

Fuente: Elaboración propia con datos de SERNAP, Cámara Forestal, SDSN, GTLM, Gobernaciones y Municipios.

III. EL BIOMA DE SABANA

El bioma es un conjunto de ecosistemas, una comunidad de seres vivos entre los que se establece un flujo de transferencias energéticas que los enlaza indisolublemente entre sí y con los factores del medio que los rodea. Estos seres vivos son máquinas biológicas que reciben, en préstamo temporal, una fracción de las energías disponibles, para devolverlas a otros eslabones en el ciclo de la circulación energética. Por lo tanto, ocupan un lugar perfectamente definido en esta cadena de acontecimientos sucesivos que viene a ser su "nicho ecológico" (Mann, G.F., 1966).

La trama de micro-asociaciones de los seres vivos y los elementos del ambiente que se conjugan para integrarlo con aporte de energía, constituye un ecosistema, que tiene como cualidad más relevante su autarquía: su independencia energética que conjuga todos los eslabones necesarios para constituir un ciclo energético completo. Además de esta característica preponderante, un ecosistema presenta: a) una armónica totalidad del conjunto; b) una integración interdependiente de todos los elementos constitutivos; c) un espacio vital definido; d) una combinación característica de especies y e) un equilibrio poblacional dinámico (Mann, G.F., 1966).

La definición del término "sabana" no es sencilla y está basada en diversos enfoques que derivan de las escuelas europea y americana (Collinson, 1988), que pueden tener implicancias fisionómicas, ecológicas, florísticas y/o climáticas (Villarroel D. et al., 2016). El estudio de Villarroel D. et al. presenta tres conceptos del término "sabana" ordenados cronológicamente que reflejan su sentido específico:

• Son comunidades tropicales dominadas por un estrato herbáceo continuo, cuyo componente principal son los pastos, con árboles y arbustos dispersos, y a veces con la presencia de palmeras (Beard, 1953).

• Formación tropical dominada por hierbas, con una proporción mayor o menor de vegetación leñosa y árboles asociados (Collinson, 1988).

• Áreas con árboles y arbustos dispersos sobre un estrato dominado por gramíneas, y sin la formación de un dosel leñoso continuo (Ribeiro & Walter, 2008).

Si bien éstos tres conceptos son un tanto similares, en realidad se complementan entre sí, logrando excluir del término "sabana" a formaciones vegetales de climas extremadamente xéricos y que presentan elementos arbustivos y arbóreos que no se desarrollan sobre una capa continua de hierbas y/o están dominadas por gramíneas, tales como la Caatinga y el Chaco, o que se encuentran en regiones de climas templados y altitudes elevadas (andinos) como los Páramos, Puna y Prepuna, y finalmente a las que se localizan en regiones subtropicales, como las Pampas, Estepas y otras más que podrían ser consideradas bajo el concepto de "sabana" según Cole (1986) y Dixon et al. (2014).

La sabana es un ecosistema que constituye una máquina de transferencia de energía en la que se produce un alimento altamente energético, carne, a través de la absorción de la energía solar por las plantas forrajeras. La eficiencia de este ecosistema está basada en su diversidad y ésta depende tanto de la riqueza en elementos diversos como de la proporción en que cada uno de ellos participa en el conjunto (Mann, G.F., 1966).

Sin embargo, estas comunidades persisten bajo un constante estado de desequilibrio; el régimen de perturbaciones que incide sobre un ecosistema no solo moldea su estructura y funcionamiento, sino que además determina su capacidad de proveer bienes y servicios a la población humana (Chaneton E., 2006).

En un ecosistema de sabana se producen gases de efecto invernadero en forma natural por la emisión de óxido nitroso (N_2O) y metano (CH_4) de la vegetación y los animales silvestres. Estas emisiones son intensificadas por la acción del hombre a través de quemas (que emiten bióxido de carbono, metano, óxido nitroso, óxidos de nitrógeno y monóxidos de carbono), y la introducción de ganado.

La sabana es un ecosistema que después de la quema puede regenerarse por completo bajo circunstancias favorables. El dióxido de carbono es removido eventualmente de la atmósfera a través de la fotosíntesis e incorporado de nuevo en el crecimiento vegetativo, aunque otras emisiones gaseosas permanecen en la atmósfera. Sin embargo, esta regeneración puede retrasarse o evitarse con malos manejos como el pastoreo y el ramoneo excesivo del material en crecimiento; en estos casos el dióxido de carbono no se reincorpora ni a la vegetación ni al suelo (Environmental Science and Technology, 1995).

Ganadería ecológica en las sabanas inundables de Bolivia

Sabanas tropicales

El 20% de la superficie terrestre está cubierto por sabanas tropicales (principalmente en África, Australia y América del Sur; ver mapa 1), por lo que es un ecosistema de gran importancia en el mundo y particularmente en América del Sur donde ocupa el 45% de la región abarcando 250 millones de has (Peñuela L. et. al., 2011) (ver mapa 2). Las sabanas húmedas del trópico reciben casi medio año de lluvias que posibilitan su desarrollo, alternado con un severo período de estiaje durante el que la vegetación seca es material inflamable que desencadena incendios por fuegos naturales o provocados por el hombre. También se registra en esta región una amplia gama de posibilidades térmicas que varían entre 12°C y 35°C de temperatura. La conjunción de factores climáticos determinantes sobre la base de humedad y temperatura da lugar a "formas de vida" muy características en la flora.

Entre las sabanas húmedas de América del Sur pueden diferenciarse tres formaciones que son: a) las sabanas bien drenadas isohipertérmicas[27] (principalmente llanos en Colombia y Venezuela); b) las sabanas bien drenadas isotérmicas[28] (principalmente Cerrados de Brasil) y c) las sabanas mal drenadas (situadas en Bolivia, Brasil, Colombia y Venezuela) (CIAT, 1981).

La vegetación natural diversa de las sabanas bien drenadas isohipertérmicas e isotérmicas en las que no existen períodos largos de inundación al no haber limitantes edáficas, ha sido sustituida paulatinamente desde los años 70 del siglo pasado por pastos foráneos establecidos en monocultivo. Es el caso del Brasil, por ejemplo, donde ya existen más de 40 millones de has de gramíneas introducidas para forraje del 50% del ganado del país. Otros sectores de la vegetación de la misma región han sido sustituidos por enormes extensiones de cultivos de soya. La vegetación de la ecorregión continúa siendo sustituida con la expansión de la frontera agrícola y ganadera y con la construcción de infraestructura vial y el aumento de actividades petroleras (Rippstein G. et. al., 2001).

La tendencia a establecer monocultivos en este ecosistema, como el de especies arbóreas maderables, cereales o pastos foráneos, ha dado lugar a soluciones engañosas que han desembocado en poblaciones vegetales carentes de autosuficiencia ecológica. La introducción de forrajes extraños en

---

[27] La temperatura media anual del suelo es 22 °C o mayor.
[28] La temperatura media anual del suelo es igual o mayor a 15 °C, pero menor a 22 °C.

monocultivo atenta contra el índice de diversidad y simplifica excesivamente la oferta de alimento, desaprovechando la amplia variedad de posibilidades ofrecida por el medio. Por otra parte, el sobrepastoreo de especies forrajeras naturales ocasiona también un grave deterioro por la eliminación selectiva de las especies más valiosas. Tanto el monocultivo de forrajeras foráneas como el sobrepastoreo de la vegetación natural, lesionan la convivencia de los herbívoros domésticos con los silvestres ocasionando migraciones de estos últimos a zonas menos alteradas. Esta desaparición o reducción de herbívoros silvestres ocasiona a su vez cambios en la pradera cuyo equilibrio está basado en el encadenamiento de organismos diversificados en su etología y en sus capacidades funcionales (Mann, G.F., 1966).

La destrucción de la vegetación herbácea autóctona por sobrepastoreo de herbívoros domésticos da lugar al reemplazo de las especies perennes que crecen en mechones robustos por una flora advenediza de malezas anuales. La vegetación natural originaria asegura la presencia permanente de elementos que retienen la hojarasca y el detritus con gran eficiencia. De esta manera se acumula sobre el suelo un horizonte biótico de considerable importancia y espesor que asegura la recirculación posterior de sus elementos en el ecosistema.

En cambio, al eliminar las delicadas formas perennes a través del sobrepastoreo selectivo y el pisoteo del ganado, desaparece totalmente esta barrera mecánica. Esto permite una activa dispersión por el viento de todos los elementos bióticos en las capas de enriquecimiento superficial del suelo ocasionando la desaparición total del horizonte orgánico, facilitando la erosión eólica e hídrica para dar lugar a cárcavas y zanjas. Se produce así un fenómeno de retroceso o regresión hacia las formas primitivas del desarrollo de los suelos. El manejo racional de la pradera consiste en controlar y detener estos procesos de regresión para establecer un nuevo equilibrio con pastoreo productivo (Van Voorthuizen, E.G., 1975).

Ganadería ecológica en las sabanas inundables de Bolivia

Figura 1. Sabanas tropicales en África, Australia y América del Sur

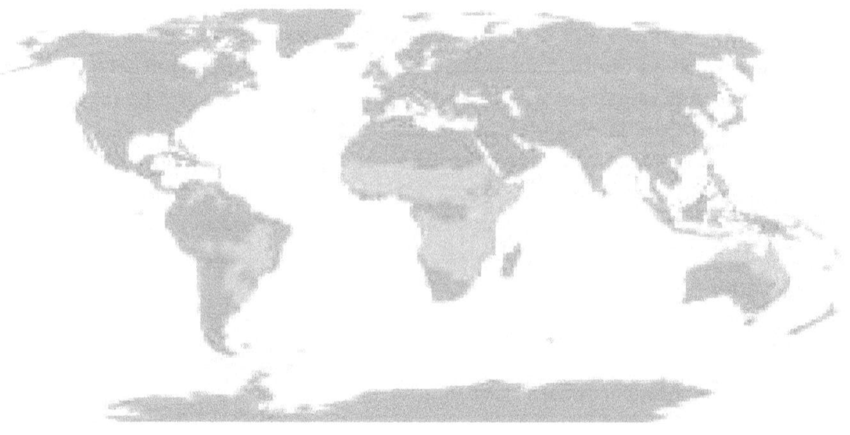

Fuente: www.savanna.org.au

Figura 2. Sabanas tropicales en América del Sur

Fuente: www.conservegrassland.org

Sabanas tropicales húmedas o inundables

Las sabanas inundables, también conocidas como sabanas estacionales o sabanas inundables estacionalmente, son ecosistemas caracterizados por la presencia de pastizales y árboles dispersos que experimentan ciclos estacionales de inundación y sequía. Estas áreas suelen encontrarse en regiones tropicales y subtropicales, y son particularmente comunes en África, América del Sur y algunas partes de Asia.

Las inundaciones en las sabanas tropicales húmedas o inundables han co-evolucionado con la flora y la fauna. Estos eventos naturales los han modelado de manera tal que los organismos que los habitan (plantas, microorganismos, animales) presentan adaptaciones que les permiten tolerar estos disturbios y aún beneficiarse de ellos. Por eso es posible afirmar que más que de disturbios se trata de subsidios (Ganadería de pastizal) ya que las inundaciones ordinarias son estacionales y predecibles. Cuando las inundaciones son extraordinarias (rebasando la cota normal) pueden considerarse disturbios que perturban negativamente las características estructurales y funcionales del ecosistema.

En Bolivia, las sabanas húmedas mal drenadas o inundables situadas a 15° latitud Sur - entre las que se encuentran las praderas naturales de los Llanos de Moxos (Beni) y del Pantanal (Santa Cruz) - conservan todavía gran parte de la vegetación nativa y están caracterizadas por un estrato herbáceo con una altura entre 1 y 2 m y bosques aislados (islas) de árboles de hojas grandes, en su mayoría caducifolios de corteza gruesa y rugosa. La riqueza y variedad de especies vegetales ofrece forraje de gran diversidad a los consumidores fitófagos. Las hojas, yemas y brotes, tanto del estrato herbáceo como del arbóreo, son forraje de mamíferos grandes y medianos (ciervos[29] y capihuaras[30]), aves de gran talla como el piyo o ñandú[31] y diversos herbívoros. Esto permite el desarrollo de carnívoros predadores como los félidos, cánidos, mustélidos y aves de rapiña.

Las especies forrajeras nativas de la sabana mal drenada se han adaptado a condiciones edáficas particulares como el alto contenido de arcilla de los suelos, su elevada acidez y la toxicidad de manganeso y aluminio. La introducción de pastos cultivados foráneos en algunos lugares ha obligado a

---

[29] *Blastocerus dichotomus.*
[30] *Hydrochoerus hydrochaeris.*
[31] *Rhea americana.*

tratar de corregir estas condiciones utilizando prácticas poco sostenibles y antieconómicas que han deteriorado el equilibrio.

En la sabana mal drenada las inundaciones son perturbaciones naturales que causan efectos apreciables sobre las comunidades de plantas, animales y microorganismos. En ciertos ambientes, los excesos hídricos asociados a lluvias copiosas o al desborde de cursos de agua afectan al ecosistema en forma recurrente y predecible. Los organismos que habitan áreas inundables suelen presentar características (adaptaciones) fisiológicas, anatómicas o de comportamiento que les permiten ajustarse en forma flexible a las condiciones impuestas por las inundaciones (Chaneton E., 2006). Las especies vegetales y plancton se dispersan hacia la sabana inundada, para luego al llegar la época seca retroceder y dar paso a la comunidad terrestre. Esta dinámica de dispersión y retroceso o concentración de las comunidades biológicas tiene importantes aplicaciones en las estrategias de supervivencia y reproductivas de muchas especies (Miranda C., 2006).

El gran número de los ríos y arroyos que surcan la extensión del departamento del Beni en el que se encuentran los Llanos de Moxos, combinados a las inundaciones, dan origen a una gran cantidad de ecosistemas palustres, donde acontecen infinidad de procesos bióticos y abióticos cuya estabilidad depende de la dinámica hidrológica (Miranda C., 2006). Los ganaderos y pobladores rurales de la zona suelen reconocer los efectos benéficos del anegamiento, e incluso de las grandes inundaciones, sobre la vegetación y el ganado. Se trata obviamente de llenuras que no sobrepasan las cotas altas porque cuando esto ocurre la inundación se considera catastrófica. Un año sin grandes anegamientos "normales" es considerado tan calamitoso como un año de severa sequía porque altera las complejas relaciones de los ciclos de las aguas altas y bajas.

La productividad en las actividades económicas emprendidas en la sabana inundable consiste en tener la habilidad de desarrollar una visión de conjunto, desechando la antigua interpretación de la naturaleza por partes o concentrándonos en uno de sus productos específicos (la visión holística de Savory) (Savory A., 1992). Consiste en entender su complejidad y la interdependencia de sus organismos, es decir, de aquellas cualidades que los hacen productivos y estables (Voisin A., 1971). Debemos aprender a mirar nuestras actividades a través del lente de los ecosistemas, lo que significa adoptar un enfoque centrado en ellos para el manejo del medio ambiente, un enfoque que respete sus límites naturales y tenga en cuenta su interconectividad y capacidad de respuesta (Miranda C., 2006).

Este enfoque que se centra en el manejo integral del medio ambiente, hoy conocido con diversos nombres y aplicado en pecuaria como ganadería sostenible, regenerativa, holística, biomimética, se dio a conocer como enfoque ecosistémico en la Convención sobre Biodiversidad de la Conferencia de las Naciones Unidas sobre Medio Ambiente y Desarrollo, también conocida como la "Cumbre de la Tierra", llevada a cabo en 1992 en Río de Janeiro, Brasil y 20 años después el año 2012. Hoy es frecuente el planteamiento de estrategias centradas en la gestión integral de la tierra, el agua y la biodiversidad para promover la conservación y el uso sostenible de los recursos, así como la distribución justa y equitativa de los beneficios derivados. El desafío actual consiste precisamente en entender las vulnerabilidades y la resiliencia de los ecosistemas, de manera que podamos encontrar formas de conciliar las demandas de desarrollo humano con la capacidad de tolerancia de la naturaleza (Miranda C., 2006).

A diferencia de bosques y humedales, los servicios ecosistémicos que proporcionan los ecosistemas de sabana suelen recibir menor atención. Sin embargo, servicios ecosistémicos como el secuestro de carbono, la producción de forraje, el control de la erosión y la mitigación de inundaciones son destacados por varios autores (Xia et al., 2014; Zhao et al., 2020), junto con la regulación de la calidad del aire, control de invasiones biológicas y plagas, y el mantenimiento de la polinización.

Para producir preservando los servicios ecosistémicos que coadyuvan en una mayor productividad es imperativo pasar de una vez del discurso a la acción definiendo indicadores concretos y protocolos que debe cumplir la producción agropecuaria para el desarrollo sostenible y las ANMI y tierras comunitarias, en forma similar a lo que ya está establecido para el manejo forestal.

IV. LA SABANA INUNDABLE EN BOLIVIA

La sabana[32] inundable en Bolivia se encuentra en los Llanos de Moxos (cuenca amazónica) y el Pantanal (cuenca del Río de la Plata) (anexo 1. Mapa 1. Áreas 3.1 y 3.2) en una superficie de 12,8 millones de ha.

Las sabanas no se presentan en forma homogénea a pesar de su relieve casi plano. Las que presentan inundaciones prolongadas al sur del Beni son las de los Llanos de Moxos y no deben confundirse con el Cerrado beniano del norte del departamento (anexo 1. Mapa 1. Área 2.2). Algunos autores como Beck y Sanjinés (2006) distinguen en las sabanas o pampas benianas dos ecorregiones, el Cerrado beniano al norte y las sabanas inundables al sur. Navarro (2002) cataloga a la sabana inundable como una provincia biogeográfica única, distinta de las provincias de Pantanal y Cerrado.

Existen importantes relaciones ecológicas y florísticas entre los tipos de vegetación de los Llanos de Moxos y el Pantanal. En ambos hay un predominio de tipos de vegetación azonal[33] higrófila y acuática, con numerosas especies de amplia distribución neotropical en esos ambientes y al parecer relativamente pocas especies propias de cada provincia (Navarro, 2002).

Llanos de Moxos

Los Llanos de Moxos son una extensa región de llanuras aluviales inundables que cubre un área de 94.660 Km2 (9.466.000 ha) (Ibisch y Mérida, 2003) ubicadas en el departamento del Beni, al noreste de Bolivia, en la cuenca del río Mamoré que, con los ríos Beni e Iténez, es afluente del río Madera (Anexo 1. Mapa 1. Área 3.1)[34]. Por su localización y extensión, esta región se considera vital para el mantenimiento de la salud ecológica general de toda la Amazonía (Ovando et al., 2016; 2018). Constituye una de las más grandes regiones de dominio de graminoides del trópico de América del Sur (Langstroth R., 2011), lo que implica una gran oferta de forraje natural que representa una oportunidad para el desarrollo de una Ganadería Sostenible.

---

[32] El término "sabana" no es frecuentemente usado en la región. Se utilizan más las expresiones "pampas", "bajíos" o "llanos".

[33] En la que son más importantes determinadas características del suelo que del clima.

[34] Áreas administrativo-políticas: Beni (provincias Ballivián, Cercado, Mamoré, Marbán, Moxos, Iténez y Yacuma). Cochabamba (prov. Carrasco y Chapare). Santa Cruz (prov. Guarayos y Velasco) (Beck y Sanjinés, 2006).

Ganadería ecológica en las sabanas inundables de Bolivia

La región se caracteriza por condiciones climáticas de estacionalidad muy marcada, con una temporada seca de mayo a noviembre y una temporada de mucha lluvia de noviembre a mayo, durante la cual una gran proporción de las llanuras se inundan y los caminos interprovinciales se hacen intransitables.

También conocidos como las Sabanas del Beni, los Llanos de Moxos son un enclave de formaciones abiertas de humedales herbáceos, pastizales, sabanas y bosques. La biota de Moxos se remonta en gran parte al Mioceno (Langstroth R., 2011). Navarro (2002) las cataloga como una provincia biogeográfica única dentro de la Región Paranense brasileña, distinta de las provincias de Pantanal y Cerrado, y no parte de la Región Amazónica en sentido biogeográfico. Esta distinción tiene una gran significación desde el punto de vista agropecuario por la diferencia de características de los suelos, que en el Cerrado (también llamado sabana arbolada) están mejor drenados. Es frecuente confundir las ecorregiones del Cerrado y la Sabana Inundable pese a que existen diferencias florísticas, de fauna y otros factores abióticos[35]. Para otros autores la flora y la fauna de los humedales, pastizales y sabanas de Moxos incluyen muchos elementos de los Cerrados y otras formaciones abiertas extra-amazónicas. Las Sabanas Inundables tienen un reducido endemismo florístico; Hanagarth y Beck (1996) identificaron un total de 14 especies endémicas de plantas vasculares en las sabanas del Beni.

Los nombres que recibe esta región, llanura de inundación, Llanura Beniana, Llanos de Moxos, hacen referencia a un sistema uniforme y plano. La escasa pendiente, inferior a 10 m, las pequeñas variaciones en el relieve y el régimen de inundación estacional, hacen de Moxos una región geográfica distintiva (Larrea-Alcázar et al., 2010) conformada por un paisaje dinámico de bosques y sabanas que varía en el espacio y en el tiempo. Se trata de una llanura en la que el agua define no solo el paisaje natural, sino también los modelos de ocupación humana pasados y presentes (De Carvalho y Mustin, 2017; Langstroth, 2011). En términos del impacto humano, la introducción de la ganadería es probablemente el evento más significativo en términos del paisaje y la ecología actuales. Por su relevancia en la ocupación con ganadería,

---

los paisajes de toda la región están compuestos por tres elementos topográficos característicos: bajíos, semi alturas y alturas (Langstroth, 2011).

Los bajíos son extensos pastizales que se inundan estacionalmente durante casi siete meses al año, presentan retención de agua en el suelo y están dominadas por especies de pasto que son forraje natural para más de 3 millones de cabezas que pastorean en la región.

Las semi alturas presentan inundaciones más superficiales y vegetación supeditada a los regímenes de incendios. Éstas pueden abarcar bosques en gran parte caducifolios, vegetación de Cerrado, sartenejas[36], pampas con árboles dispersos tolerantes al fuego y palmares (Langstroth, 2011).

Las alturas son zonas elevadas, de forma natural o por influencia humana, dominadas por bosques que rara vez se inundan. Como parte de este elemento consideramos también a las islas de bosque, las cuales son características prominentes del paisaje de Moxos (Langstroth, 1996), importantes para la biodiversidad y para el manejo ganadero.

Tal variedad de flora entre bosques, sabanas y humedales alberga también una impresionante diversidad de fauna con especies características de pampas y sabanas, como mamíferos, grandes felinos, félidos y primates endémicos. La presencia de aves particulares de la sabana inundable es un indicador del estado de conservación de la ecorregión.

Los Llanos de Moxos y el Pantanal están considerados entre los humedales más extensos del planeta, y aunque han sido poco estudiados en términos de su capacidad de captura/emisión de C02 y de gas metano o el balance entre ambos, se esperaría de su conservación una importante contribución a la mitigación del cambio climático, más aún si se considera que la producción de gas metano también está asociada a la crianza de ganado vacuno (Carmona et al., 2005).

En el mundo los humedales naturales ocupan tan solo entre el 4% y el 6% de la superficie terrestre (Mistch y Gosselink, 2000). A pesar de ello, son considerados muy importantes globalmente por los servicios ambientales que prestan, como la regulación del clima mundial, la purificación del agua y la conservación de la biodiversidad. En relación con el cambio climático, destaca

---

[36] Sartenejal: terreno en zona húmeda en el que alternan pequeños montículos (lomas) alargados con surcos (Beck y Sanjinés, 2006). Son grietas entre la pastura formadas al resecarse el suelo arcilloso que la dejan con promontorios de vegetación.

el potencial de los humedales para almacenar dióxido de carbono (CO2). Dicho potencial se debe a la alta productividad de las plantas y a la baja descomposición de materia orgánica que ocurre en los suelos inundados. Adicionalmente, en los suelos de humedales se llevan a cabo procesos anaerobios como la metanogénesis[37], cuyo producto final es el metano (CH4), un gas con un potencial de efecto invernadero 20 veces mayor al del CO2 y que contribuye con el 20% al calentamiento global (GTLM. PCDSLM, 2022).

Continentalmente y a nivel del conjunto de la cuenca amazónica, los Llanos de Moxos cumplen un papel clave en los movimientos migratorios anuales tanto de peces como de aves. Se estima que al menos 12 especies de aves reposan en los Llanos de Moxos durante sus migraciones de escala continental desde Canadá hasta el sur de Argentina y Paraguay. Al ser el complejo de sabanas inundables más extenso de la Amazonía, los Llanos de Moxos son un lugar crítico para el balance y la regulación de la dinámica hídrica de la región. La cuenca del río Madera, de la cual, como se mencionó más arriba, son tributarios los ríos Mamoré, Beni y Iténez, drena el 20% del territorio amazónico, siendo la subcuenca más extensa entre todas las que constituyen la gran Amazonía. Se estima que los ríos de aguas blancas del Madera contribuyen con entre el 30% y el 50% de los sedimentos a la cuenca media y baja del Amazonas (GTLM. PCDSLM, 2022).

En la actualidad, el Beni en general y los Llanos de Moxos en particular, es hogar de 18 de los 36 pueblos indígenas de Bolivia, representantes de culturas diferenciadas, y cuna de una diversidad lingüística excepcionalmente alta que destaca por el elevado número de lenguas aisladas (Crevels y Muysken, 2012). Esta co-evolución de fuerzas naturales y culturales a lo largo de miles de años convierte a los Llanos de Moxos en un sistema socio-ecológico único, un paisaje biocultural: ecológica y culturalmente diferenciado (GTLM. PCDSLM, 2022).

Asegurar la sostenibilidad de los Llanos de Moxos exige un enfoque que considere la diversidad de la vida en todas sus dimensiones, un enfoque biocultural que oriente la investigación y las acciones de conservación y de desarrollo, resaltando las interconexiones entre las dimensiones biológicas, socioculturales y lingüísticas y el modo en que han co-evolucionado a lo largo del tiempo, dentro de un complejo sistema socio-ecológico adaptativo (GTLM. PCDSLM, 2022). Este vínculo constituye la columna vertebral de la vitalidad, la

---

[37] Formación de metano por parte de los seres vivos a través de metabolismo microbiano.

resiliencia y el bienestar/buen vivir de la sociedad (Ciftcioglu et al., 2016). El enfoque biocultural busca comprender las correlaciones y posibles causalidades entre esas diversidades, al mismo tiempo que examina las dinámicas sociales, económicas y ecológicas que las amenazan, identificando las implicaciones de la pérdida de la diversidad biocultural para la sostenibilidad (Maffi, 2001).

Este centro de confluencia entre alta biodiversidad y diversidad cultural de importancia global cuenta con siete idiomas únicos en el mundo, además de otros 13 idiomas y dialectos indígenas que pertenecen a seis familias lingüísticas, más de 648 especies de aves y 134 de mamíferos. Por todo esto, los Llanos de Moxos constituyen un paisaje biocultural singular de relevancia mundial (GTLM. PCDSLM, 2022).

A pesar de su importancia ecológica y cultural, los Llanos de Moxos enfrentan amenazas que se pueden resumir en: la deforestación, la expansión agrícola y la alteración de los patrones hidrológicos. La conservación de esta región se ha convertido en una preocupación para preservar la biodiversidad y los modos de vida de las comunidades locales porque constituye un ejemplo de la interconexión entre la biodiversidad, la geografía y la cultura en la región amazónica de Bolivia (GTLM. PCDSLM, 2022).

La importancia de los Llanos de Moxos para la salud ecológica desde la escala local hasta la escala pan-amazónica, abre oportunidades para generar sinergias y colaboraciones en torno a la conservación y desarrollo sostenible de la región y sus áreas de influencia. Los Llanos de Moxos tienen 4 millones de ha bajo distintas categorías de conservación o de sostenibilidad del uso del territorio, parcialmente sobrepuestos (TCO y comunidades indígenas, áreas protegidas de distinto nivel y sitios Ramsar). La preservación de sus áreas protegidas y el manejo sostenible a través de una pecuaria responsable en ANMIS, territorios indígenas y el resto de la ecorregión son fundamentales para garantizar la salud a largo plazo de este ecosistema único. Para esto son imprescindibles los instrumentos de planificación, ordenamiento territorial, monitoreo y autorregulación construidos a través de procesos participativos, como herramientas para la gestión y la gobernanza (GTLM. PCDSLM, 2022).

Sitios Ramsar

El departamento del Beni, en el que se encuentran los Llanos Moxos, cuenta con más de 6,9 millones de hectáreas de humedales catalogados como sitios Ramsar, un enorme complejo de agua dulce de importancia internacional representado por los sitios Ramsar Río Blanco (2.404.916 ha), Río Matos (1.729.788 ha) y Río Yata (2.813.229 ha). Ninguno de los tres sitios Ramsar presenta hasta la fecha avances en su gestión (anexo 2, mapa 3).

El sitio Ramsar Río Blanco, que comprende los municipios de Magdalena, Huacaraje y Baures y los TCO Baures e Itonama (anexo 3, mapa 1), incluye en su totalidad a dos áreas protegidas departamentales: el Parque Departamental y Área Natural de Manejo Integrado Iténez de 1.389.025 ha que, entre otros objetivos, fue creado para "promover el manejo sostenible de la diversidad biológica con la participación plena de las comunidades originarias y tradicionales" y la Reserva Científica, Ecológica, Arqueológica Kenneth Lee, de 468.725 ha en la que debe conservarse "el patrimonio natural existente y el complejo arqueológico precolombino de obras hidráulicas, terraplenes, camellones" (anexo 2, cuadro 18 y mapa 4) (Ficha informativa sitio Ramsar Río Blanco, 2009, y GTLM, 2022). En base a datos del hato ganadero de los tres municipios mencionados, en este sitio hay 350.000 cabezas de ganado (FEGABENI, 2017).

El sitio Ramsar Río Matos es el más importante desde el punto de vista de la ganadería porque alberga 1,6 millones de cabezas, más de la mitad del hato ganadero del departamento, en tres provincias de gran actividad pecuaria como son Yacuma (54,53% del territorio del sitio), Moxos (28,64%) y Ballivián (16,69%). En el sitio están además tres grupos étnicos de importancia que son el Territorio Indígena Chimane Multiétnico (TICH Chimane Multiétnico), el Territorio Indígena Mojeño Ignaciano (TIMI) y el Territorio Indígena Movima (TIM).

Este sitio Ramsar enfrenta una de las amenazas más grandes para su conservación que es la palizada del Río Maniqui que bloquea el curso del río con la acumulación de madera, restos vegetales y sedimentos a lo largo de más de 50 Km. Esta palizada está situada en el área de la sub-ecorregión de Bosques Amazónicos de Inundación aproximadamente a 14°35'15" Sur y 66°29'17" Oeste. Si bien el río Maniqui no está dentro de los límites del sitio, el bloqueo de su curso ocasiona grandes inundaciones en estancias, comunidades y en la Reserva de la Biósfera Estación Biológica del Beni (RBB); perturba directa e indirectamente a las especies de plantas y sus asociaciones y modifica la dinámica hídrica en los ríos Matos, Maniqui Viejo, Curiraba, Rapulo, Yacuma y Mamoré que son parte del ecosistema del sitio. Algunos ganaderos entrevistados en San Borja consideran incluso que esta ciudad, parte de la cual ya resultó inundada el año 2014 por este problema, corre el riesgo de desaparecer dentro de tres a cinco años.

Esta tragedia poco atendida ocasionada por actividades forestales y agrícolas en las cabeceras del río Maniqui y, aguas abajo, por contaminación y deshechos desde la ciudad de San Borja y de varias comunidades cercanas en proceso de crecimiento, debería ser el tema principal de la agenda no sólo del municipio de San Borja sino de todo el departamento del Beni. Un mayor agravante es que la cabecera del Río Maniqui es parte de un Área Protegida Municipal, el APM TCO Chimane-Río Maniqui de 247.676 ha que carece de gestión (ver anexo 2, mapa 2), lo que demuestra que muchas áreas protegidas se establecen sólo para discursos de buenas intenciones. Se puede afirmar que, debido a la palizada, el sitio Ramsar Río Matos, un humedal de los Llanos de Moxos bajo la responsabilidad de Bolivia ante el mundo, está severamente amenazado (Conservación Amazónica ACEAA, 2023).

El sitio Ramsar Río Yata es compartido por los municipios de Exaltación, Santa Rosa, Riberalta y Guayaramerín y en su jurisdicción se encuentran las TCO Cayubaba y Chácobo Pacahuara. Es el único de los tres sitios en el que se encuentra el Cerrado beniano. En base a datos del hato ganadero de los cuatro municipios mencionados, en este sitio hay 608.000 cabezas de ganado (FEGABENI, 2017). En este sitio se encuentran los grandes lagos Rogaguado (rojo aguado) y Rogagua y grandes áreas de camellones construidos en la antigüedad por las "Culturas Hidráulicas de Moxos".

El Sitio Ramsar Río Yata se superpone con parte de tres áreas protegidas, dos de ellas departamentales, la Reserva Natural de Inmovilización Yata de 503.708 ha y la Reserva Natural de Inmovilización Lagos de Rogaguado (Grandes lagos tectónicos de Exaltación) de 479.544 ha y una municipal, el Área de Manejo Integrado Pampas del Río Yacuma de 616.453 ha.

Ganadería ecológica en las sabanas inundables de Bolivia

Pantanal

En forma similar a los Llanos de Moxos, las sabanas inundables del Pantanal son planicies de suelos aluviales recientes con inundaciones sobre todo por desbordes de ríos y un mosaico de alturas, semi-alturas y bajíos con suelos ácidos y básicos (Beck y Sanjinés, 2006). Es el humedal de agua dulce más extenso del mundo y se encuentra en la frontera tripartita entre Bolivia, Brasil y Paraguay. Es un mosaico altamente complejo y temporalmente dinámico de lagos, lagunas, pantanos, ríos, sabanas inundables, palmares, bosques secos y el Cerrado, que sostienen una gama completa de comunidades florísticas (de abundante forraje natural) y faunísticas (Ministerio de Medio Ambiente y Agua, 2017).

El Pantanal boliviano es un sitio Ramsar que tiene una superficie de 3.332.800 ha (33.328 Km2) y está ubicado en el extremo oriental de Bolivia, en el departamento de Santa Cruz (Ibisch y Mérida, 2003). Casi todo el Pantanal boliviano está ocupado por dos ANMI, el Área Natural de Manejo Integral San Matías de 2.918.500 hectáreas (29.185 Km2) y el Parque Nacional y ANMI Pantanal de Otuquis de 1.005.950 ha (10.060 Km2) (SERNAP, 2023). El área de ambas ANMI excede a la del sitio[38] porque en ambas confluyen tres ecorregiones: bosque subhúmedo de las serranías chiquitanas, bosque semi-deciduo y sabanas del Pantanal (Plan de Manejo del Parque Nacional y ANMI Otuquis, 2012).

La mayor parte del sitio se caracteriza por hábitats que se inundan estacionalmente, como sabanas y bosques inundados, pantanos y curichales. Estos cuerpos de agua pueden llegar a secarse completamente durante los meses de septiembre y octubre. La inundación depende más del escurrimiento de las aguas por el área pantanosa alimentada por los rebalses de los ríos principales en la época de lluvias. Se caracteriza por su diversidad de hábitats, lo cual permite sustentar una gran variedad de flora. Las plantas flotantes abundan en todo el humedal (Ministerio de Medio Ambiente y Agua, 2017).

Debido a sus características de inundación, la implementación de pasturas introducidas en el Pantanal hasta ahora ha sido y es limitada, habiéndose restringido a zonas más elevadas o donde los periodos de inundación son cortos. El forraje nativo ha permitido el desarrollo de la ganadería como

---

[38] No deben confundirse las áreas del sitio Ramsar Pantanal boliviano con las áreas de los ANMIS San Matías y Otuquis.

actividad económica importante, actividad que también se convierte en una de sus mayores amenazas si se realiza de manera no responsable y sin control (*práctica de no manejo).*

La valorización del forraje nativo, que en el Pantanal se genera en grandes volúmenes, y el manejo adecuado del ganado controlando el pastoreo, sumado a otras prácticas que se describen más adelante, permitirán garantizar la conservación de la pradera natural y la productividad económica de la región. Para esto, tal como ocurre con el forraje natural de los Llanos de Moxos, es fundamental conocer la identidad taxonómica de las plantas forrajeras, su disponibilidad en el paisaje, su ecología, características morfológicas, palatabilidad y valor nutricional (Martínez et al., 2020). La sabana inundable del Pantanal carece de inventariaciones biológicas, un tema que debe ser estudiado para establecer con éxito actividades productivas (Azurduy H., 2008).

Además de los motivos ya señalados que imponen la necesidad de desarrollar una ganadería sostenible en las tierras bajas de Bolivia, en el Pantanal esto es de particular importancia al ser gran parte del área un sitio Ramsar, un parque (Otuquis) y grandes ANMI (Otuquis y San Matías). Como se explicó más arriba, tanto la Ganadería Sostenible como los ANMI deben definir claramente las actividades compatibles con la sostenibilidad que se diferencien claramente de las actividades de conservación.

Limitaciones para cultivar en la sabana inundable

Se exponen a continuación diversos factores que hacen altamente riesgosa la inversión en el cultivo de la sabana inundable. Si los altos montos de capital requeridos por la agricultura se invirtieran en desarrollar prácticas de Ganadería Sostenible, los resultados serían mucho más efectivos, promisorios y resilientes que los de la agricultura y convertirían a la región en una de las más prósperas y sostenibles del país. A diferencia de la agricultura que está basada en una tecnología de insumos, la ganadería se sustenta en una tecnología de procesos asentada en el conocimiento y la experiencia que no se compran en el mercado como insumos materiales.

Ganadería ecológica en las sabanas inundables de Bolivia

Factores edáficos

El cultivo en la sabana inundable está limitado por factores edáficos, como el deficiente drenaje (debido al contenido de arcilla) y la acidez provocada por toxicidad de aluminio. El drenaje deficiente obliga al cultivo exclusivo de plantas hidrófilas, entre las cuales la única de interés comercial es el arroz, impidiendo (o haciendo muy riesgosa) la rotación con otros cultivos de interés comercial como soya, frejol, maíz, sorgo o girasol[39].

Los campos cultivados en camellones en la antigüedad[40] (cuyos restos son todavía visibles) por las "culturas hidráulicas" de los Llanos de Moxos, se construyeron para enfrentar el principal problema en los suelos de la sabana que es el alto contenido de arcilla, limitante que los habitantes de entonces trataban de controlar a través de la construcción de canales de drenaje con grandes movimientos de tierra.

Gran parte de los camellones de la antigüedad se encontraban en un área de transición de la sabana inundable al Cerrado, con suelos mejor drenados, dado que la mayor amenaza a los cultivos de entonces, como de hoy, son las inundaciones periódicas provocadas por desbordes de ríos y limitaciones en el drenaje de los suelos. "Los más espectaculares de los campos drenados son los campos elevados o plataformas que se encuentran exactamente al sur del río Yacuma hasta exactamente el norte del Lago Rogaguado y desde el Río Mamoré a la altura de Exaltación hacia el oeste hasta una latitud de 67°O" (Denevan, W. 1980).

Deficiencias de fertilidad en suelos

Los suelos de la sabana inundable son en general de baja calidad nutritiva y deficientes en minerales esenciales para la producción animal; son de formación aluvial, ácidos, por lo que para la ganadería es necesario tomar en cuenta sus requerimientos de fósforo, calcio, sodio, cobre y zinc. Son suelos mal drenados por tener el subsuelo casi impermeable, formado por arcillas y

---

[39] Los casos en los que se presentan cultivos exitosos alternativos al arroz como soya, frejol y otros en la sabana inundable, no son en esta ecorregión sino en las aledañas, que son el Bosque Amazónico y el Bosque Amazónico de Inundación, o en el Cerrado beniano; todas regiones que tienen suelos de mejor drenaje.

[40] Obras de las culturas prehispánicas de los Llanos de Moxos, según algunos investigadores entre 400 y 1400 (siglos V a XV, en base a pruebas de carbono 14 aplicadas a piezas cerámicas) (Limpias V.H., 2007), y según otros 500 a 1000 d.C. (siglos VI a XI) (Denevan, W. 1980). Pero incluso hay dataciones entre 800 a.C. a 1200 d.C. (ficha de sitio Ramsar Río Yata).

arena compactada que hacen que las capas superficiales, de textura más gruesa, se saturen rápidamente con agua desde principios de la época lluviosa, conformando una gran planicie inundable (Bauer B. y Galdo E., 1987).

Los suelos más finos pueden tener hasta un 85% de arcilla, y sobre ellos suelen desarrollarse las sabanas. La mayoría de estos suelos son sólo circunstancialmente fértiles al formarse sobre sedimentos andinos recientemente depositados. Las cantidades variables de limo y arena fina indican variaciones relacionadas con la distancia al canal como fuente de sedimentos más cercana, o al tipo o energía del proceso deposicional en sí mismo. Los suelos más comunes son Gleysoles[41] en las sabanas, Fluvisoles (suelos formados a partir de sedimentos aluviales) en los diques fluviales recientes, Luvisoles (suelos que tienen mayor contenido de arcilla en el subsuelo que en el suelo superficial) y Cambisoles (suelos con minerales de arcilla y óxidos de hierro, rojizos) (Boixadera et al., 2003; Lombardo, 2014; May et al., 2015).

La falta de deposición de sedimentos fluviales, combinada con fuertes condiciones redoximórficas[42], resulta en suelos altamente hidromorfos (suelos habitualmente encharcados), muy pobres en nutrientes, a menudo con valores de pH muy bajos y nivel tóxico de aluminio intercambiable (Lombardo, 2014; Navarro, 2011). Si bien los suelos son principalmente ácidos, hay suelos con acumulación de carbonato cálcico en el subsuelo, e incluso suelos salinos (salitrales) (Boixadera et al., 2003), principalmente en la zona sur de Moxos.

Todas estas limitaciones del suelo de la sabana inundable a las que se ha adaptado el forraje natural y al que al aplicar prácticas de Ganadería Sostenible se fertiliza a través de deyecciones del ganado en base al monitoreo permanente con análisis periódicos, en la producción agrícola significan altos costos de fertilización. La acidez del suelo provocada por el nivel tóxico del aluminio obliga a gastar también en calcáreos (carbonato de calcio) que deben ser trasladados desde largas distancias.

---

[41] Grupo de Suelos de Referencia del sistema World Reference Base for Soil Resources (WRB). Son suelos permanentemente encharcados, o que sufren tal proceso durante largos periodos de tiempo todos los años. Muchos cultivos agrícolas no crecen bien en Gleysoles, pero son muy aptos para arroz inundado.

[42] Suelos que indican la presencia de un nivel freático elevado o una capa impermeable cercana a la superficie y se originan como resultado de inundaciones naturales o artificiales del suelo durante períodos cortos o prolongados.

La fertilidad del suelo era otra limitante en la antigüedad, cuando los habitantes de los Llanos de Moxos carecían de fuentes de estiércol y esta es la razón por la que los camellones y lomas se cultivaban durante tres años y debían ser barbechos durante periodos largos (Denevan, W. 1980).

Sin rotación de cultivos
La falta de rotación de cultivos provoca pérdidas de nutrientes en el suelo y contaminación de malezas cuyo control incrementa los costos en fertilización y herbicidas, que se elevan también al invertir en la corrección de la acidez del suelo con el uso de calcáreos. Al no haber rotación de cultivos, los ingresos se reducen a una sola cosecha aumentando los riesgos de la inversión[43].

La rotación de gramíneas y leguminosas es fundamental para la conservación del suelo y la obtención de buenos rendimientos que permitan obtener beneficios económicos. En el Beni, en zonas aledañas a la sabana inundable como el Bosque Amazónico (provincia Marbán) en las que se ha deforestado, existe una adecuada rotación de arroz, maíz y sorgo (gramíneas) con soya y frejol (leguminosas), lo que permite obtener cosechas productivas y dotar al suelo del nitrógeno que sintetizan las leguminosas, reduciendo costos en fertilización.

La tendencia a la homogeneización del paisaje con un solo cultivo como el arroz reduce sustancialmente el valor de opción incrementando la vulnerabilidad al cambio. La diversificación en la producción agrícola a través de rotaciones de cultivos facilita el control natural de plagas, la mitigación de riesgos frente a extremos climáticos (siembra escalonada) y mejora la gestión de suelos y agua (GTLM, 2022).

Inadaptación al ecosistema
A las limitaciones de los suelos de las sabanas inundables de los Llanos de Moxos y el Pantanal se han adaptado muchas gramíneas y ciperáceas y en menor grado leguminosas, constituyendo un forraje natural promisorio para una ganadería bovina adecuadamente manejada cuya baja productividad actual es el resultado de la ausencia de prácticas de manejo y de la adopción

---

[43] A esto debe añadirse el hecho de que el arroz es un cultivo comercialmente muy vulnerable en Bolivia debido al contrabando y a la ausencia de una política nacional de producción de arroz (Ing. Agr. Ana Isabel Ortiz, 2020. Explicación repetida en marzo del 2024 porque en cuatro años la situación sigue siendo la misma).

de sistemas de regiones de diferentes características edáficas y climáticas. El pastizal natural es un recurso poco frecuente en el mundo y no aprovecharlo adecuadamente con actividades rentables eco-amigables como la pecuaria responde a planteamientos anticuados en los que la producción no está adaptada a un ecosistema específico ni aplica soluciones basadas en la naturaleza.

Inundaciones

La amenaza de inundaciones ha marcado fechas históricas de graves devastaciones en la producción agropecuaria de los Llanos de Moxos, como las que se produjeron en la antigüedad (por las que se conjetura que podría ser una de las razones de la desaparición de los antiguos pueblos de Moxos). Las crónicas mencionan graves inundaciones en los años 1799, 1801, 1947 (Chávez J., 1986), en nuestro siglo en años sucesivos como 2006, 2007 y 2008[44], y últimamente la del 2014.

Si bien fue el año más lluvioso en dos décadas (ver registros de pluviosidad en anexo 4), las condiciones exógenas que provocaron la gran inundación del 2014 siguen latentes y más bien se agravan con el tiempo. La gran planicie de los Llanos de Moxos se convirtió entonces en una gran represa al producirse dos cambios en el movimiento de las lluvias tropicales: a) la desprotección de las cabeceras de la cuenca alta de ríos como el Iténez y el Mamoré por la deforestación en el Bosque Amazónico Pre-andino (provincias Chapare y Carrasco del departamento de Cochabamba) ampliando el descenso de grandes volúmenes de aguas pluviales, pese a ser la zona de un parque de 1.236.296 ha (Parque Nacional y Territorio Indígena Isiboro Sécure, TIPNIS) y b) la reducción de la salida de estos caudales por la construcción de represas en el Río Madera de Brasil[45]. Ambos detonadores siguen latentes y más bien se agravan porque continúa la deforestación del trópico cochabambino. Los últimos años de reducida pluviosidad han alejado temporalmente las amenazas de inundaciones, pero es un tema siempre latente.

---

[44] Durante las inundaciones del 2006 y 2007, que fueron consideradas como extraordinarias, murieron 137.800 cabezas de ganado (CEPAL 2007) y durante la inundación del 2007 y 2008 se perdió el 70% del cultivo de arroz, el 57% de maíz, del 40% del banano, el 57% de la yuca, sumando un total de 50.319 ha de cultivos perdidos. (Gobernación del Beni 2008) y 35.378 cabezas de ganado bovino (SENASAG 2008).
[45] Usinas hidroeléctricas de Jirau y San Antonio.

Ganadería ecológica en las sabanas inundables de Bolivia

También en el Pantanal el riesgo de inundaciones es permanente y ha condicionado a una ganadería casi totalmente dependiente del forraje natural. En la zona norte las llanuras aluviales inundables conforman la Cuenca del Río Curiche Grande, en el área situada entre las poblaciones de San Matías al norte y Puerto Suárez al sur (provincia Ángel Sandoval, municipio San Matías). En la zona sur las llanuras inundables son conocidas como "Pantanal profundo", con más de seis meses al año de inundación permanente (Ministerio de Educación, 2013).

Para definir el potencial agropecuario del Beni, la ABT (2017) se concentra en la "superficie libre de inundaciones" confirmando la gran amenaza que representa este fenómeno para las actividades de la región. Establece tres grandes zonas con "alto potencial agropecuario", pero éstas no están propiamente en la sabana inundable:

- Noroeste, que es el Cerrado beniano (2,9 millones de ha según la ABT, 2017; 2,7 mill. ha según Ibisch y Mérida, 2003. Ver anexo 1, mapa 1, área 2.2)[46].
- Sureste, que en gran parte es el Bosque Amazónico del Beni y Santa Cruz (2,7 mill. ha según la ABT, 2017; 6 mill. ha según Ibisch y Mérida, 2003. Ver anexo 1, mapa 1, área 1.5), la región deforestada de mayor producción agrícola en el Beni en la que actualmente se produce en forma mecanizada arroz, soya, sorgo y maíz (provincia Marbán principalmente).
- Noreste, que combina el Cerrado con el Bosque Amazónico del Beni (1,3 mill. ha según la ABT, 2017; incluidas en las 6 mill. ha antes mencionadas. Ver anexo 1, mapa 1, área 1.5) en la que ya existen también cultivos mecanizados de soya, sorgo y maíz.

Sequías
Existe la creencia general de que en la Sabana Inundable abunda el agua durante todo el año y que la sequía es un fenómeno extremo excepcional ("Moxos, el país del agua"). Sin embargo, cada año la estación seca de 6 a 7 meses ocasiona un cambio total de paisaje y de actividades al reducir en forma sustancial la disponibilidad de agua en la región. Pero, como ocurre en otras ecorregiones del país, como el Chaco y el Bosque Seco Chiquitano, la sequía es

---

[46] Para Navarro (2002) el área del noreste es incluible en la Provincia del Cerrado beniano.

una realidad, no una desgracia impredecible. Y si una amenaza natural es predecible, ya se ha ganado la mitad de la batalla al enfrentarla.

En este contexto, al enfrentar la sequía la ganadería en la sabana inundable es un negocio mucho menos riesgoso que la agricultura. Si actualmente la sequía ocasiona estragos es debido a la forma tradicional de la ganadería local basada en la *práctica de no manejo* en la que no se conserva forraje para épocas de escases, no se controla la reproducción del ganado ni se invierte en una adecuada infraestructura que permita responder a la significativa huella hídrica que el ganado bovino representa en los ecosistemas (GIZ – AKUT, 2022). Aunque el agua es utilizada en todas las etapas de la producción ganadera - desde el agua de bebida hasta el agua de procesamiento de lácteos y de carnes - es la producción de forrajes la que requiere las mayores cantidades, un ítem de bajo costo cuando el forraje es natural.

La precipitación anual acumulada promedio sobre los Llanos de Moxos es de 1.900 mm (Molina et al., 2019). Durante el período de los años 2000 a 2019 se registró una precipitación anual acumulada promedio de 1.807 mm (anexo 4) (SENAMHI, 2020). La evapotranspiración de la vegetación y de la superficie de los cuerpos de agua corresponde al principal componente del balance hídrico, aproximadamente 1.200 mm/año (~62% de la precipitación). El 57 % del total de la lluvia se concentra entre diciembre y marzo, siendo enero el mes más húmedo (GTLM, 2022). Una marcada estación seca predomina desde abril a octubre con siete meses de déficit hídrico.

En los Llanos de Moxos toda la agricultura es en secano y al estar dirigida por un cultivo hidrófilo como el arroz que se adecúa a inundaciones, la carencia de agua en época seca es una limitante extrema para los cultivos de invierno, impidiendo o haciendo muy riesgoso su establecimiento. Se registran años, como en los que se presenta el fenómeno de El Niño, en los que el retraso de las precipitaciones ocasiona incluso reducciones significativas en los rendimientos del arroz cultivado en época de lluvias.

Para cultivos agrícolas se podrían instalar sistemas de riego utilizando agua represada o pozos perforados, sin embargo, el costo de esta inversión no justifica el riesgo, comparado con otras actividades como la ganadería, que puede aprovechar mejor el forraje natural bajo sistemas de pastoreo controlado.

Oportunidades agropecuarias en el Cerrado beniano

Tal como ya intuyeron las antiguas civilizaciones que habitaron los Llanos de Moxos, la ecorregión en la que podría desarrollarse la agricultura industrial en el Beni es la del Cerrado (también conocido como pampa arbolada, sabana arbolada o sabana bien drenada isotérmica) (CIAT, 1981) que tiene una superficie de 2,7 millones de hectáreas (Ibisch y Mérida, 2003). La clasificación de los tipos y formas de vegetación que conforman el Cerrado ha sido establecida bajo diferentes procedimientos, escalas y denominaciones nomenclaturales, aplicando términos técnicos, populares y/o la combinación de ambos. Esta problemática se refleja en la bibliografía, donde encontramos diversos denominativos para los tipos y formas de vegetación que la conforman, situación que también es reflejada al momento de definir los límites de los campos y sabanas del Cerrado propiamente dicho (Villarroel D. et al., 2016).

Ya fue señalado por Hanagarth (1993) que el norte del Beni es diferente a la zona del centro-sur. "El norte, a pesar de su morfología de llanura, no se inunda por desbordes fluviales y no está constituido por limos y arcillas fluvio-lacustres, sino que es una plenillanura con cobertura pisolítico-laterítica muy aparente, donde los cauces discurren encajados en la superficie general y donde las inundaciones son muy someras y se limitan a las zonas más deprimidas topográficamente que pueden anegarse temporalmente por los grandes aguaceros de la época de lluvias. Además, tanto los suelos como las aguas son mucho más pobres en sales disueltas que los del centro y sur del Beni (Navarro, 2002).

Según Navarro (2011), en el norte de Moxos, ligeramente más elevado y donde los pulsos de inundación se encuentran asociados a lluvias locales y no al desborde de los ríos, los suelos se caracterizan por costras lateríticas rojizas y relativamente mejor drenaje, albergando vegetación tipo Cerrado.

En nuestras observaciones y lo establecido por el mapa de ecorregiones de Ibisch y Mérida (2003), Navarro (2011) y Beck (2006), el Cerrado beniano y paceño se encuentran al norte de la provincia Mamoré y en la provincia Vaca Díez (Beni) y al norte de Ixiamas, provincia Abel Iturralde (La Paz), región geográfica relativamente aislada hasta ahora pero que podrá desarrollarse con el mejoramiento de la hidrovía Ichilo-Mamoré y los accesos por carreteras y puentes hacia los estados brasileros de Rondonia y Mato Grosso (anexo 1, mapa 1, áreas 2.2 y 2.1).

Ganadería ecológica en las sabanas inundables de Bolivia

Sin embargo, también en el Cerrado una Ganadería Sostenible adecuadamente gestionada y dirigida a mercados que valoran la carne de pastizal sería más competitiva que la agricultura, dado que la remoción de la cobertura vegetal del suelo para habilitarlo en la producción agrícola reduce o elimina su papel como reservorio de carbono. Estos pastizales, junto con humedales y bosques amazónicos circundantes contribuyen a mantener el carbono fuera de la atmósfera evitando su contribución al cambio climático. Estas características pueden ser monetizables, reduciendo además la amenaza de que a largo plazo la degradación de hábitats y la pérdida y contaminación del agua pueden poner en riesgo el bienestar de la población y los propios beneficios económicos de la agricultura y la ganadería tradicional que motivan estas transformaciones (GTLM, 2022).

Efectos ambientales

Los riesgos de la implementación de agricultura industrial sustituyendo forrajeras naturales son diversos en cuanto a su efecto sobre el medio ambiente. Uno de los más evidentes es la colmatación de cauces debida al arrastre de partículas por erosión, incrementando la sedimentación en ríos y lagos. Este fenómeno ya se verifica en algunas cuencas de ríos de los Llanos de Moxos por el cambio de uso de suelo de la agricultura industrial en la cuenca alta de ríos que ha reducido el volumen de contención de agua en lagunas y cañadas[47], aumentando la vulnerabilidad de la zona a inundaciones de magnitud y al desecamiento, división o fragmentación de lagunas, además de provocar cambios en el movimiento de ríos (MapBiomas Amazonía y RAISG, 2023)[48]. Esto podría mitigarse con el mantenimiento periódico de los cursos de agua, actividad que incrementa los costos del cultivo en la sabana inundable.

En la sabana inundable tanto de los Llanos de Moxos como del Pantanal, la diversidad florística y biológica de la pradera natural permite una mayor resiliencia ante intervenciones antropogénicas que la utilicen racionalmente, como es el pastoreo controlado. La ganadería basada en forraje natural es un sistema productivo diversificado que ofrece mayores oportunidades de adaptación por su menor dependencia de insumos externos y su mayor

---

[47] Por ejemplo, la actividad agrícola en la provincia Guarayos de Santa Cruz (bosque amazónico deforestado. Anexo 1. Mapa 1. Área 1.5) que colmata cursos de agua en la provincia Iténez del Beni (sabana inundable. Anexo 1. Mapa 1. Área 3.1).

[48] Plataforma digital "Agua, indicador de vida: 23 años de cambios en los países amazónicos". MapBiomas: https://amazonia.mapbiomas.org/. RAISG: Red Amazónica de Información Socio-ambiental Georreferenciada.

flexibilidad ante condiciones rápidamente cambiantes, como el cambio climático y otras incertidumbres futuras (como variaciones en los mercados).

Agronegocio que no es negocio

Por todo lo expuesto es posible afirmar que la ganadería en la sabana inundable y en el Cerrado es una actividad mucho menos riesgosa que la agricultura[49], tanto como negocio como por su efecto sobre el medio ambiente, y constituye una valiosa oportunidad para desarrollar una economía eco-amigable basada en pastizales naturales con un producto con sello de origen y valor agregado. Esta realidad, demostrable al comparar planes de negocios agrícolas y ganaderos, ya ha sido comprendida por productores de la zona que abandonaron actividades agrícolas para volver a la vocación tradicional de la ecorregión, la pecuaria, aplicando nueva tecnología que permite mayor productividad con menor impacto ambiental. También se verifica al comprobar que los agricultores establecidos hoy en la ecorregión del Bosque Amazónico de la provincia Marbán del departamento del Beni (anexo 1, mapa 1, área 1.5), que son los más importantes productores de arroz, soya, maíz y sorgo, evitan establecer cultivos en la sabana inundable por los riesgos económicos que esto conlleva.

La planificación del desarrollo territorial local está sesgada tanto por una visión excesivamente productivista como por una tendencia a creer que todo cambio de uso de suelo implica insostenibilidad. La visión productivista minimiza los problemas ambientales de su verdadera dimensión, lo que lleva a encubrir la distribución desigual de costos y beneficios.

La posición sesgada de creer que todo cambio de uso de suelo implica destrucción irreversible del hábitat se basa en la tendencia a considerar que un productor agropecuario no está interesado en preservar los recursos naturales, siendo que éstos son sus principales activos. Para un productor agropecuario el deterioro de los recursos naturales afecta directamente a su economía (a diferencia de la de grupos conservacionistas soliviantados por financiadores). El productor es el principal interesado en proteger su inversión y que ésta perdure para varias generaciones a través del buen manejo del suelo, de los recursos hídricos y de la conservación de la biodiversidad,

---

[49] Aseveración que también se comprueba en otras regiones como la Chiquitanía (Bosque Seco Chiquitano) donde por diferentes factores, la ganadería es un negocio menos riesgoso que la agricultura (GIZ – AKUT 2022).

entendida como un proceso dinámico y evolutivo del que se obtienen recursos genéticos para la producción de alimentos y otros bienes de utilidad.

La producción agropecuaria actual concentrada en el Bosque Amazónico del Beni en la provincia Marbán por colonias menonitas e interculturales, en un área de aproximadamente 80.000 ha[50], se ha hecho a base de deforestación. Pero esto no implica, como pretenden los grupos conservacionistas, que sean lugares de producción no sostenible mientras se cumplan condiciones como la no invasión de áreas protegidas, que en esa región no sólo pueden ser de alto valor de la biodiversidad sino incluso arqueológicas. Si esta producción agropecuaria no invade territorios con restricciones y cumple la definición de sostenibilidad con protocolos e indicadores definidos para cada cultivo o producto pecuario[51], no puede calificarse de insostenible o de actividad con "visión extractivista", y es lo mismo que ya ocurre en otras ecorregiones del Beni como el Cerrado. Estas opiniones sesgadas de grupos no directamente relacionados con la producción son consecuencia de la confusión entre sostenibilidad y conservación.

Tanto en el Bosque Amazónico como en el Cerrado los intentos para establecer agricultura provocarán cambios, pero esto es más impactante en la sabana inundable porque pueden ocasionar profundas alteraciones a la biodiversidad del forraje natural restándole valor como captador de dióxido de carbono y como pastizal original, perjudicando la certificación de la carne ante los mercados del mundo. Los intentos agrícolas en la sabana inundable ponen en riesgo la obtención de un sello de certificación de carne ecológica.

En un país en el que la institucionalidad es débil, lo que provoca que normativas como los Planes de Uso de Suelos (PLUS) o los Planes de Ordenamiento Predial (POP) se apliquen en forma discrecional, libre de controles, el único plan fiable es el Plan de Negocios, requisito sin el cual no se puede financiar una inversión y que es exigido en las salvaguardas ambientales de entidades de crédito porque nadie está dispuesto a estafarse a sí mismo forzando un análisis financiero.

---

[50] Estimación propia en base a datos del INIAF Beni.
[51] Establecidos por las Buenas Prácticas Agrícolas, las Mesas de Producción Responsable y otros acuerdos locales.

V. LA GANADERÍA EN BOLIVIA

Bolivia tiene un hato de ganado bovino de 10,7 millones de cabezas[52] que se incrementa anualmente a una tasa del 3,4% y se concentra en dos departamentos de tierras bajas tropicales y subtropicales, Santa Cruz (44%) y el Beni (30%), como puede verse en el gráfico 2 y la figura 3. Un 80% de este hato bovino (8,5 millones de cabezas) se encuentra en tierras bajas (región oriental) representadas por cinco ecorregiones[53] (ver más adelante la distribución de ganado en estas ecorregiones y el mapa 1 en el anexo 1).

Gráfico 2. Población de ganado bovino en Bolivia, 2022

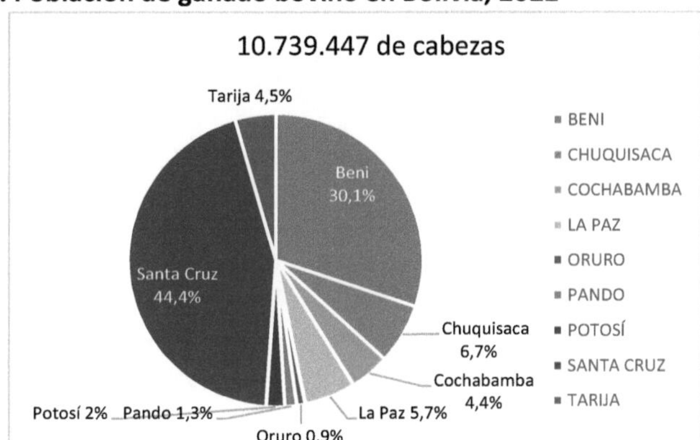

Fuente: Elaboración propia con datos proyectados de FEGASACRUZ 2022 y Fac. de Ciencias Agrícolas de la UGRM, 2022.

---

[52] Media de datos de proyección al 2023 de FEGASACRUZ, 2022 y la Facultad de Ciencias Agrícolas de la UGRM, 2022.

[53] Conjunto de comunidades naturales geográficamente delimitadas.

Figura 3. Mapa de Bolivia con porcentajes de ganado

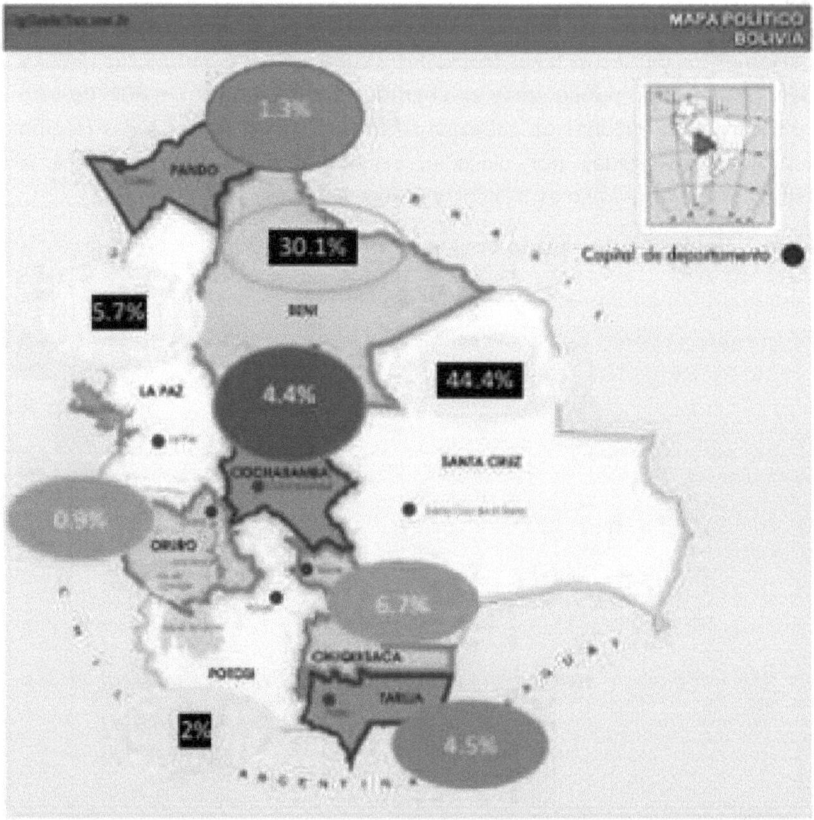

Fuente: Elaboración propia con mapa de SoySantaCruz.com.bo, 2000.

En estas tierras bajas del oriente del país, se estima que un 80% de la ganadería (más de 6 millones de cabezas) se encuentra bajo *prácticas de no manejo* en las que el ganado vaga sin control provocando alteraciones en los recursos naturales a través de sobrepastoreo, deforestación, incendios, conflictos con la fauna, abigeato y otros. Su productividad es muy baja, lo que se refleja en el dato de la carga animal media que es de 0,20 UA/ha (5 has por Unidad

Ganadería ecológica en las sabanas inundables de Bolivia

Animal[54]). En las tierras altas del altiplano y valles (occidente) se encuentra el 20% del ganado nacional con 2,2 millones de cabezas manejadas, es decir, que cuentan con pastoreo controlado de diversa modalidad y con una carga animal media de hasta 2 UA/ha.

Estos datos muestran que la ganadería bovina de tierras altas es equiparable a la de tierras bajas porque en ambas regiones se cuenta con aproximadamente 2,2 millones de cabezas bajo manejo en establecimientos que cumplen en diferentes grados las Buenas Prácticas Ganaderas (BPG).

A los emprendimientos que ya cumplen con BPG les falta avanzar en prácticas sostenibles para acceder a certificaciones que les permitan obtener precios diferenciados por sus productos y viabilicen el ingreso del país a mercados que exigen sellos de sostenibilidad (Europa, América del Norte y otros).

Las razas más importantes

Existe una clara diferenciación en las razas criadas en el país entre las regiones oriental y occidental. En ambas regiones la ganadería bovina se inició en los siglos XVI y XVII a través de la introducción de ganado europeo denominado taurino (*Bos taurus taurus*) del que ha derivado el actual ganado criollo. En los departamentos del oriente situados al este del país en la región de los llanos - Beni, Santa Cruz y Pando - las razas predominantes a las que tiende el mejoramiento de ganado son del tipo cebú (*Bos taurus indicus*), ganado de la India introducido al país en los años 50 del siglo XX a través del Brasil y cruzado con el ganado criollo. Actualmente la raza cebuína más importante criada en el país es la Nelore cuyo nivel de excelencia en cuanto a las características de la raza compite con los mejores del mundo. Las cabañas de los mejores ejemplares se encuentran en el departamento de Santa Cruz.

En el área occidental del país, en las regiones del Altiplano y los Valles, se introdujeron diversas razas europeas (taurinas) para cruzarlas con el ganado criollo. Las más importantes en la actualidad son las razas Holstein de origen holandés y Pardo Suizo. Ambas razas se crían comercialmente para la

---

[54] Unidad Animal: bovino de 450 Kg de peso vivo. Las cabezas de ganado pueden ser de diverso peso y edad, por eso no es lo mismo referirse al número de cabezas que al de Unidades Animales.

producción de leche y carne en el Altiplano Norte y Central (departamentos de La Paz y Oruro) y en los valles de Cochabamba, Chuquisaca y Tarija.

La introducción de las razas taurinas y cebuínas antes mencionadas ha dado lugar a una segregación de genes del genotipo criollo perdiéndose al mezclarse con las razas cruzadas. Este genotipo criollo (cinco ecotipos según Solíz J., 2018) de gran valor por sus características de adaptación a regiones concretas del país, está en proceso de recuperación a través de diversos programas de mejoramiento del ganado criollo en Chuquisaca, Tarija y Santa Cruz (CIAT 2011). Se estima que actualmente Bolivia cuenta con 500 mil cabezas de ganado bovino criollo. Un 67% se encuentra en los llanos, 22% en los valles y 11% en el altiplano (Solíz J., 2018).

En los Llanos de Moxos el genotipo criollo "Yacumeño" ha desarrollado una gran adaptación al medio caracterizado por altas temperaturas, reducido valor nutritivo del forraje de praderas naturales sin manejo, sucesión de épocas de sequía e inundación, proliferación de parásitos internos y externos y otros factores que reducen la productividad.

El criollo Yacumeño se originó de animales taurinos de origen portugués que regionalmente se los llamaba "Caracú" (término portugués que se refiere a animales de pelo corto y sedoso, independientemente del color), que eran los más sobresalientes por tener mayor estatura, pelo más brilloso y tener crías mejor desarrolladas. Dentro de este tipo "Caracú" sobresalían los ejemplares colorados ojinegro, que eran los favoritos de los vaqueros, ya que, aparentemente, producían más leche, parían con más frecuencia y eran de temperamento más dócil.

Este colorado ojinegro seleccionado dio lugar al criollo Yacumeño que "resiste sin problemas una intensa y prolongada radiación solar directa, como también temperaturas elevadas de hasta 40 grados centígrados. Pastorea sin dificultad en terrenos inundados con niveles de agua hasta 1.20 m por períodos prolongados (3 a 4 meses). No es víctima del ataque de la garrapata y esto se debe posiblemente a un proceso evolutivo de adaptación al medio. Recorre grandes distancias en busca de pasto y /o agua, soporta las jornadas largas de arreos por varios días. Es susceptible a parásitos internos que afectan significativamente su desarrollo. Es más susceptible al virus de la fiebre aftosa que el cebuíno. Los terneros, a pesar de ser destetados con muy buenos pesos

(160 kg), sufren el cambio del destete, lo que provoca una mortandad más elevada que el Cebú y sus cruces" (Bauer B., Zamora R. y Galdo E., 1993).

En el Pantanal la adaptación del criollo se originó también en base al genotipo "Caracú" de origen portugués introducido desde Mato Grosso, Brasil. Las similitudes entre las razas de Brasil y de Hispanoamérica pueden explicarse por la proximidad geográfica de sus orígenes. No es sorprendente, por lo tanto, que hoy se hallen ejemplares criollos similares a las actuales razas gallega y asturiana del norte de España (Wilkins J.V. et al., 1993).

La importancia de este ganado criollo estriba en que el manejo agroecológico de la pradera natural para aumentar su valor nutritivo y fortalecer su diversidad, está forzosamente ligado a la crianza de razas adaptadas al medio para lograr los mejores niveles de rendimiento.

La pecuaria ecológica en la sabana inundable de Bolivia deberá tender a la crianza de bovinos que sean producto del cruzamiento del ganado criollo con razas cebuínas como Nelore y Brahman. El vigor de esta hibridación para cruce industrial entre el genotipo criollo adaptado al medio durante tres siglos y el Nelore y Brahman resistente a ectoparásitos y adaptado al pastoreo de forraje natural, permitirá una utilización eficiente y productiva de la sabana inundable.

La alimentación del ganado

La alimentación de bovinos criados en el Altiplano y los Valles (occidente) está basada en cultivos de forrajeras introducidas y en menor grado en la pradera natural. La planta forrajera más importante de estas regiones es la alfalfa (*Medicago sativa*) seguida por gramíneas en pradera como el pasto ovillo (*Dactilys glomerata*) y el pasto llorón (*Eragrostis curvula*). La alimentación del ganado bovino es reforzada con cultivos anuales como la cebada (*Hordeum vulgare*), la avena (*Avena sativa*) y/o el triticale (planta obtenida del cruzamiento del centeno, *Secale cereale*, con el trigo), además de alimento balanceado compuesto por maíz, afrecho de trigo, borra de cerveza y sales minerales.

Ganadería ecológica en las sabanas inundables de Bolivia

En el Altiplano la pradera natural es una fuente de forraje muy importante tanto para bovinos, ovinos y camélidos[55]. Sin embargo, su manejo deficiente ha conducido a la pérdida de muchas plantas forrajeras nativas que han sido estudiadas, pero poco valoradas. Este proceso de degradación de la pradera natural a través del sobrepastoreo, la quema incontrolada y la subvaloración al reemplazarla por especies foráneas, es el que se debe evitar en las praderas de la sabana inundable.

La alimentación de bovinos en la región de los llanos subtropicales y en la del bosque húmedo tropical está dividida en dos subregiones: la pradera natural de la sabana inundable y los pastos cultivados (*braquiarias* principalmente) en áreas deforestadas.

Avances de Bolivia en sanidad animal, infraestructura y manejo

La exitosa incursión de la carne boliviana en el mercado internacional se debe a una adecuada sinergia público-privada que permite invertir, producir para el mercado interno, exportar los excedentes y generar impuestos y divisas para el Estado, además de crear miles de empleos directos e indirectos.

Los avances en sanidad animal, infraestructura y manejo han consistido principalmente en el control de la fiebre aftosa, que ha sido erradicada del país después de 39 campañas de vacunación en las tierras bajas, alcanzando el estatus de país libre de fiebre aftosa sin vacunación, y en la certificación de Bolivia como país con riesgo insignificante de encefalopatía espongiforme bovina (enfermedad de las vacas locas).

En mayo del 2023, Bolivia recibió el documento que certifica que todo el país completó la certificación como zona libre de fiebre aftosa sin vacunación, en conformidad con el Código Sanitario para los Animales Terrestres de la Organización Mundial de Salud Animal (OMSA) después de 843 semanas epidemiológicas sin ocurrencia de esta enfermedad (16 años y 3 meses). Esto ha permitido que desde entonces se incremente la exportación no sólo de carne (el ganado Nelore blanco es muy demandado por encima de otras razas debido al mejoramiento constante de su rendimiento en canal) sino de

---

[55] Camélidos domésticos: llamas y alpacas. Bolivia cuenta con la población de llamas más grande del mundo con 2,5 millones de cabezas.

material genético boliviano de las razas Nelore, Nelore Mocho[56], Girholando y Brahman como animales vivos, semen y embriones, habilitando protocolos en coordinación con el Servicio Nacional de Sanidad Agropecuaria e Inocuidad Alimentaria (SENASAG). Colombia, Ecuador, Perú, Argentina, Paraguay, Brasil y Cuba, son los países a los cuales Bolivia vende actualmente genética, embriones y animales vivos de alta calidad, además de encontrarse en negociaciones para incluir a Guatemala, Costa Rica, Honduras y México.

También ha significado un avance para la exportación de carne la instalación de frigoríficos privados de categoría I habilitados para exportar[57], aunque el país tiene todavía importantes deficiencias como la baja capacidad de frío en la industria y en toda la cadena logística, la debilidad institucional del SENASAG y la falta de articulación público-privada.

El mejoramiento del manejo del ganado con la implementación de un programa de Buenas Prácticas Ganaderas (BPG) en el departamento de Santa Cruz también ha significado un avance para la exportación de carne ya que los predios certificados por el cumplimiento de BPG son elegidos para proveer de ganado a los frigoríficos exportadores de carne. La ganadería basada en BPG representa un avance importante hacia la sostenibilidad de las actividades pecuarias, especialmente en cuanto a la eficiencia productiva, pero no pone énfasis en un manejo integral y se centra más en el ganado.

Como se adelantó en la introducción, todo esto ha permitido que la industria cárnica haya estado en permanente ascenso desde el año 2012 con un salto exponencial desde el año 2019, como puede verse en el siguiente gráfico, lo que ha conducido a la ampliación de su cupo de exportación[58] de 20.000 a 37.000 ton de carne desde el 2024.

---

[56] Algunos jueces del Brasil, como Fabio Miziara, califican al Nelore Mocho boliviano como el mejor del mundo (remate de Nelore Zoller en Campo Grande, Brasil, en enero 2024).

[57] Bolivia cuenta sólo con 3 frigoríficos habilitados para exportar entre el total de 63 mataderos certificados por el SENASAG. El gobierno, en vez de fomentar la inversión privada para habilitar frigoríficos en otras regiones, invierte en esta industria compitiendo en forma desleal con la iniciativa privada. En contraste, en Paraguay existen 20 frigoríficos privados habilitados para exportar.

[58] En Bolivia actualmente el Estado restringe las exportaciones de productos alimenticios con el argumento de velar por la seguridad alimentaria a la que más bien se pone en riesgo al coartar la producción privada.

Gráfico 3. Evolución de las exportaciones de carne bovina y derivados

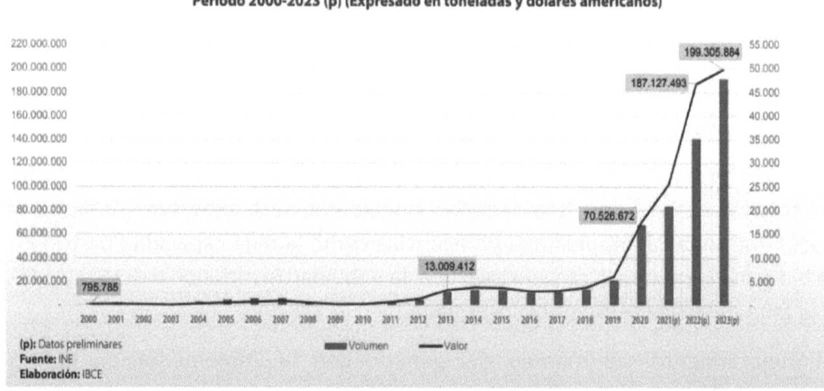

El programa de Buenas Prácticas Ganaderas (BPG) creó un manual para implementar los componentes básicos de una inversión ganadera bajo las características particulares de la realidad de la región que representa a las tierras bajas. Consta de ocho componentes: 1) instalaciones adecuadas; 2) bioseguridad; 3) sanidad animal; 4) trazabilidad animal; 5) bienestar animal; 6) calidad de la alimentación y agua; 7) condiciones laborales de los trabajadores; 8) manejo medioambiental de residuos.

El manual da menos énfasis a prácticas medioambientales como los sistemas de producción de forrajes compatibles con áreas boscosas, el pastoreo controlado, la productividad de los suelos, la utilización de praderas naturales o la reducción de la dependencia de insumos en base a combustibles fósiles, pero es muy importante como guía para establecer unidades productivas eficientes y productivas en nuestro medio. Durante este año 2024 se hará una nueva edición, además de un manual de ganadería "sostenible y regenerativa".

Una de las mayores deficiencias en la aplicación de las BPG en Bolivia es la de la trazabilidad animal que es fundamental para la comercialización interna y a mercados del mundo ya que permite un mayor control a lo largo de toda la cadena alimentaria para una mayor transparencia, lo que posibilita rastrear la ubicación o el producto derivado de éste a través de la comercialización y transformación, hasta su origen. Esto permite hacer investigaciones epidemiológicas o establecer acciones correctivas en beneficio del consumidor, como resultado de inspecciones veterinarias o análisis físico químicos.

La trazabilidad comienza por la identificación individual de los animales y en Bolivia los sistemas de identificación de propiedad del ganado son deficientes y arcaicos, como el tatuaje y la marcación a fuego que no son aceptados por mercados internacionales[59].

Aunque el manual es poco conocido y mucho menos aplicado debido a limitaciones económicas y organizativas, en base a sus lineamientos se creó la Mesa Boliviana de Carne Sostenible (MBCS) que se encuentra en organización desde el año 2021 y es parte de la Mesa Global de Carne Sostenible (GRSB por sus siglas en inglés)[60]. A través de la MBCS se establecerán protocolos aprobados para que una certificadora califique un predio ganadero como sostenible en base a principios y criterios definidos para las condiciones nacionales. Estos principios permitirán también que los productores puedan autoevaluarse permanentemente para saber cuál es la situación de su establecimiento con respecto a los principios de la producción de carne sostenible.

Índices zootécnicos y parámetros productivos

El año 2023 la FAO realizó un estudio en Bolivia para actualizar datos de índices zootécnicos en coordinación con las federaciones de ganaderos con el objetivo de definir la productividad nacional de carne y establecer su capacidad de exportación. A la fecha de elaboración del presente libro no se disponía todavía de datos publicados del estudio de la FAO. Sin embargo, el MDRyT, amplió la exportación de 20.000 a 37.000 ton de carne para el año 2024. El

---

[59] El productor está obligado a tener este registro de marca, carimbo (a fuego) y señal (con corte de oreja) en cumplimiento de la Ley Nacional de Marcas (Ley 80 y D.S. 29251) debido a la precariedad de la mayoría de las unidades productivas pecuarias del país. Este sistema, además, daña el cuero de los bovinos haciéndolo totalmente inservible y desaprovechando un subproducto de alto valor.
[60] https://grsbeef.org/

sector estima que cuenta con un excedente total de 50.000 ton. En comparación con otros países de la región, los índices de productividad de Bolivia aún son bajos; el peso promedio en carcasa del país fue de 197.6 Kg el año 2022 (FEGASACRUZ, 2022).

Con datos de estudios recientes de ganadería sostenible (GIZ - AKUT 2022) de FEGABENI (2018) y FEGASACRUZ (2022) se elaboró el siguiente cuadro (ver más adelante la descripción de las modalidades extractiva y rentable:

Cuadro 2. Índices zootécnicos y parámetros productivos de la ganadería de tierras bajas en Bolivia

Índices zootécnicos	Extractiva (tradicional)	Rentable	Media
Tasa de preñez (%)	48	80	64
Tasa de parición (%)	43	75	59
Tasa de destete (%)	38	66	52
Tasa de mortalidad terneros (%)	8	1	4,5
Tasa de mortalidad adultos (%)	4	2	3
Edad primer parto (meses)	40	30	35
Peso de venta de torillos (Kg)	270	320	295
Peso de venta de vacas de descarte (Kg)	319	400	359,5
Extracción (%)	14	16	15
Reposición (%)	5	7	6
Parámetros productivos*	**Extractiva (tradicional)**	**Rentable**	**Media**
Producción por hectárea (Kg/ha)	54	222	138
GDP (Kg/cab./día)	0,138	0,446	0,292
Carga animal (UA**/ha)	0,5	1	0,75
Eficiencia de stock (%)	21	54	37,5
Oferta de forraje en MS (ton/ha)	1,85	4,25	3,05
Rend. en canal o peso en carcasa (Kg)	184	212	198

**1 UA = Unidad Animal de 450 Kg peso vivo
Fuente: Elaboración propia en base a datos de GIZ - AKUT (2022); FEGABENI (2018) y FEGASACRUZ (2021).

***Parámetros productivos:**
Producción de carne (Kg/ha): peso vivo por hectárea/año.
GDP (Kg/cab/día): Ganancia Diaria de Peso por cabeza.
Carga animal (UA/ha): Unidades Animales por hectárea.
Eficiencia de Stock (%): producción de cada 100 Kg de peso vivo.
Oferta de forraje en MS (ton/ha): cantidad de pasto disponible.

Distribución de ganado en las ecorregiones de Bolivia

Es frecuente que se planteen políticas públicas para la ganadería de un país como si sus características biofísicas e incluso socioeconómicas fueran homogéneas. Esta concepción errónea de la realidad es la que ha llevado y produce todavía graves distorsiones en la aplicación de prácticas agropecuarias sostenibles. Un país como Bolivia, con una extensión de más de un millón de kilómetros cuadrados, presenta diversas ecorregiones con diferencias importantes que obligan a plantear técnicas diferentes. Es por eso que se plantea la estrategia de la Adaptación basada en Ecosistemas (AbE) para reducir la vulnerabilidad y aumentar la resiliencia de las ecorregiones y de las poblaciones a través de la gestión sostenible, la conservación y la restauración y para la adaptación a los efectos adversos del cambio climático.

Un ecosistema es un conjunto de seres vivos que interactúa con los componentes químicos y físicos del espacio que ocupan (agua, suelo, aire). Una ecorregión define geográficamente este espacio en el que se dan interacciones ecológicas cruciales para la permanencia de sus especies, de la dinámica ecológica y de las condiciones ambientales a largo plazo.

Es bajo esta lógica que se plantea en forma aproximada la distribución del ganado en las ecorregiones de Bolivia en base a datos de diversas fuentes, como se plantea en el cuadro 3 y la figura 4.

Cuadro 3. Ganado en ecorregiones de Bolivia

Ecoregión	Departamentos	Nº cabezas	%	Carga animal UA/ha media
Bosque amazónico	Beni, Cba., La Paz, Pando, S.Cruz	391.229	2	0,25 (4 ha/cab.)
Cerrado	Beni, La Paz, S. Cruz	969.229	8	0,25 (4 ha/cab.)
Sabana inundable	Beni y S. Cruz	3.300.000	31	0,20 (5 ha/cab.)
Bosque chiquitano	Santa Cruz	2.644.933	29	0,40 (2,5 ha/cab.)
Chaco	Chuq., S. Cruz, Tarija	1.181.339	8	0,05 a 0,10 (10 a 20 ha/cab.
Puna (Altiplano)	La Paz, Oruro, Potosí	894.389	8	2
Valles	Cba., Tarija, Chuq.	1.358.328	13	3
TOTAL		10.739.447	99	0,20 (5 ha/cab.)

Fuente: Elaboración propia con proyección de datos de FEGASACRUZ 2021, Fac. de Ciencias Agrícolas de la UGRM, 2022 y FEGABENI-AGROTERRA, 2018.

Ganadería ecológica en las sabanas inundables de Bolivia

Figura 4. Ecorregiones de Bolivia

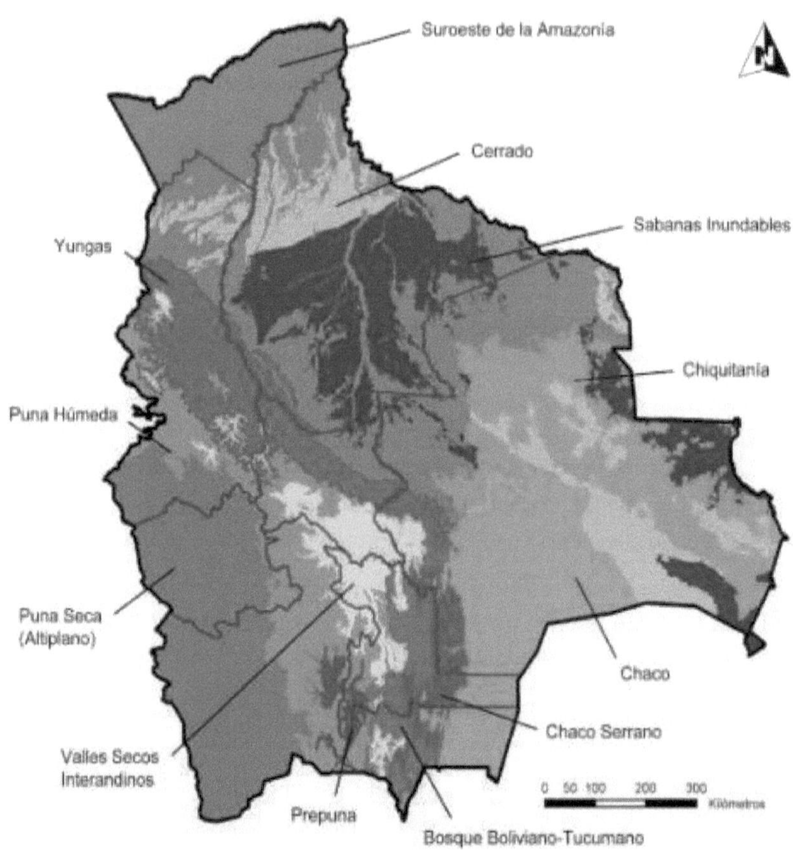

Fuente: Basado en Ibisch y Mérida, 2003.

El ecosistema de la sabana inundable de Bolivia ha sido descrito en el acápite anterior. En esta ecorregión de los Llanos de Moxos y el Pantanal (áreas azules) de 12,7 millones de ha y con 3,3 millones de cabezas (FEGASACRUZ, 2022)[61], la ausencia de manejo de la ganadería ha postergado su desarrollo,

---

[61] Equivalentes al 39% del ganado de tierras bajas.

Ganadería ecológica en las sabanas inundables de Bolivia

desaprovechando su vocación ganadera como oportunidad para fortalecer el sector como rubro exportable al contar con extensas tierras de pastizales naturales aptas para desarrollar una ganadería sostenible de gran potencial para acceder a mercados diferenciados del mundo.

En los últimos años, en vez de optar por una ganadería productiva y eficiente como actividad económica que reduzca el subdesarrollo de la región, se plantea el cultivo agroindustrial de la sabana inundable en base a una riesgosa inversión que podría derivar en una mayor pobreza. Estas propuestas se originan en el desconocimiento de las características de los ecosistemas, confundiendo la sabana inundable con los Bosques Amazónicos y con el Cerrado beniano.

Las amenazas climáticas para la sabana inundable de Bolivia, exacerbadas por el Cambio Climático son las sequías e inundaciones, dos épocas del año en las que escasea el forraje. Sin embargo, ambas amenazas son predecibles y es posible reducir la vulnerabilidad del ecosistema a través de gestiones sostenibles.

Ganadería en el Bosque Seco Chiquitano y el Chaco

En la región de la Chiquitanía se encuentra la ecorregión del Bosque Seco Chiquitano (anexo 1, mapa 1, área 4) en la que las actividades económicas están centradas en la agricultura, ganadería y actividades forestales. Es la zona de Bolivia en la que se verifican más inversiones privadas relacionadas con la ganadería, con un hato de 2,6 millones de cabezas (55% del total departamental), lo que ha dado lugar a una alta calidad genética de razas como Nelore y Brahman para cruce industrial con Brangus, Senepol y otras y ha motivado la instalación de uno de los tres frigoríficos privados habilitados para exportación de carne del país. La zona es mayormente productora de ganado de cría y recría de alta rentabilidad para confinamientos en áreas cercanas a la ciudad de Santa Cruz donde se encuentran numerosos mataderos y los otros dos frigoríficos habilitados para exportar carne.

La ganadería en la ecorregión del Bosque Seco Chiquitano, se basa en la deforestación al estar en una región que presenta un gran potencial forestal relacionado con la biodiversidad del bosque Chiquitano (considerado un bosque único en el mundo por sus características de transición entre el bosque amazónico y el bosque seco chaqueño) (GIZ, 2021). Por lo tanto, enfrenta el desafío de plantear y consolidar sistemas integrados ganadero forestales con la implementación de sistemas silvopastoriles y cadenas boscosas que sean corredores biológicos.

En la región del Chaco (anexo 1, mapa 1, área 5) la ganadería es mucho menos productiva debido a los prolongados periodos de sequía y a las reducidas inversiones en sistemas tecnificados de producción. Los sistemas ganaderos se basan en su mayoría en el pastoreo continuo sin control de la carga animal (*práctica de no manejo*), lo que afecta seriamente a los recursos naturales. La ganadería es un rubro muy importante y transmite una imagen típica del uso agropecuario del Chaco, región que es compartida con Argentina y Paraguay.

En estos países, la producción ganadera se basa, principalmente, en pasturas sembradas desmontando el bosque. En Bolivia, con otras condiciones socio-económicas y posibilidades limitadas para inversiones, el ganado es pastoreado, en la mayoría de las veces, directamente en el bosque. Mientras en el sistema de producción ganadera en el Paraguay se empieza a reforestar árboles de sombra en las pasturas buscando mejorar la productividad del forraje y del ganado, acercándose a un sistema silvopastoril, en Bolivia hace unos años existen investigaciones, resultados y prácticas interesantes del manejo del monte y de un sistema silvopastoril basado en desmonte selectivo del bosque con la siembra de pasto debajo de los árboles (PROAGRO, 2007).

La región del Chaco de Bolivia representa una extensión aproximada de 13,5 millones de hectáreas (Rojas, 2018) y alberga alrededor del 11% de la existencia de bovinos del país (SENACSA, 2020), lo que representa un hato de 1.181.339 cabezas[62]. La ganadería es de muy baja productividad, con una carga animal de solo 0,05 a 0,10 (10 a 20 ha/cab). Al estar basada en la deforestación, como en otras regiones de bosque, debe encaminarse a consolidar sistemas integrados ganadero forestales con la implementación de sistemas silvopastoriles y cadenas boscosas que sean corredores biológicos.

---

[62] Cálculo basado en el hato nacional de ganado proyectado al 2023 (FEGASACRUZ 2021 y Fac. de Ciencias Agrícolas de la UGRM, 2022).

Ganadería ecológica en las sabanas inundables de Bolivia

Producción nacional y exportaciones de carne y leche

Como ya se adelantó en la introducción, la industria cárnica ha estado en permanente ascenso desde el año 2012 con un salto exponencial desde el año 2019, permitiendo al país exportar el 5% (21.241 ton) de su producción, que en el año 2022 alcanzó a 330.806 ton de carne. Dadas las promisorias mejoras en la producción, al 2024 su cupo de exportación[63] será ampliado a 37.000 ton. Se calcula que cuenta con un saldo exportable de 87.338 de carne deshuesada que el año 2030 alcanzará a 112.865 ton (FEGASACRUZ 2022).

Actualmente el 97% de la carne exportada se destina a China y otros países cuyas exigencias sanitarias permitieron avanzar a Bolivia en temas de sanidad animal e infraestructura industrial, pero que por el momento no exigen sellos de sostenibilidad (IBCE, 2022).

La cadena productiva de la carne bovina tiene cuatro fases (Solíz C.A. y Mercado L.N., 2022):

- Producción primaria o ganadería: Concentrada en la producción del ganado que se inicia en el campo, con la cría, recría y engorde por parte de pequeños, medianos y grandes productores.
- Intermediación: Los ganaderos que no tienen condiciones para vender su producto de forma directa, recurren a los intermediarios que compran el ganado en pie y lo trasladan a estancias de engorde, o a los centros de faenado cuando se trata de ganado terminado.
- Transformación o manufactura: Comprende el faeneo y procesamiento de productos y subproductos por parte de los frigoríficos, mataderos, cooperativas y asociaciones diversas.
- Comercialización: Dirigida hacia el consumidor final en el mercado nacional o internacional.

En cuanto a la producción de leche, Bolivia el año 2022 produjo 544 millones de litros (proyección en base a datos de FEGASACRUZ 2021) de los cuales exportó 9,8 ton de leche en polvo el 2022 por 34 millones de dólares (IBCE

---

[63] En Bolivia actualmente el Estado restringe las exportaciones de productos alimenticios con el argumento de velar por la seguridad alimentaria a la que más bien se pone en riesgo al coartar la producción privada.

2022). En el departamento de Santa Cruz, el 77% de la leche se destina al mercado nacional y el 23% al mercado internacional[64].

Las tierras bajas del trópico y subtrópico produjeron el 57% (309 mill. lt) del que la región del Beni sólo aportó con el 0,8%. Las tierras altas del altiplano y valles produjeron 235 millones de litros equivalentes al 43 % (FEGASACRUZ 2021).

Consumo de carne per cápita

El consumo nacional de carne el año 2021 en Bolivia fue de 22 Kg/pers/año que es un valor medio comparado con el consumo de otros países de la región y China, como puede verse en el gráfico 3 elaborado con datos de FEGASACRUZ (2021).

Por los índices de desnutrición registrados en varios municipios del país se proyecta incrementar este consumo hasta 25 Kg/pers/año al año 2025, pero con campañas para lograr que esta cantidad se consuma en los municipios señalados y en áreas rurales, no en áreas urbanas donde debe promoverse el consumo responsable de carne bovina combinado con otros alimentos ricos en proteína[65].

---

[64] Declaración de directivos de la Federación Departamental de Productores de Leche (FEDEPLE). Marzo 2024.
[65] Ya en el año 2006, la FAO estableció que "la carne y los derivados del ganado son una fuente importante de proteína para los pobres (área rural) ...pero están matando a los ricos (área urbana)" (FAO, 2006). El consumo desmedido de carne es uno de los factores para el sobrepeso de más de 1.000 millones de personas en el mundo.

Ganadería ecológica en las sabanas inundables de Bolivia

Gráfico 4. Consumo de carne en Bolivia, países de la región y China[66]

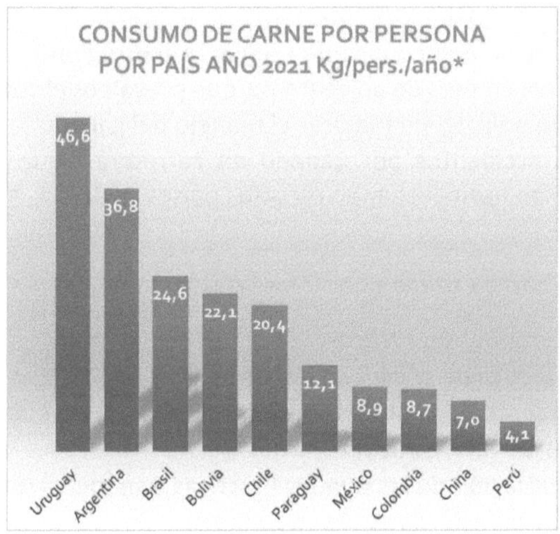

Fuente: Elaboración propia con datos de FEGASACRUZ 2021.

Principales deficiencias de la ganadería en Bolivia

Las principales deficiencias de la ganadería de tierras bajas de Bolivia, que constituyen el 80% del hato nacional, están enmarcadas en la extendida *práctica del no manejo* que consiste en que el ganado vague suelto en campos sin división.

Acciones comunes para ampliar el área de pastoreo en áreas boscosas:

- Deforestación para facilitar el brote de pasto natural.
- Quema del pasto no consumido (sucesión de deforestación y fuego).

En la sabana inundable:

- Sobrepastoreo de grandes áreas dando lugar a la desaparición de forraje valioso reemplazado por maleza.

---

[66] Es importante poner de relieve el consumo actual de carne en China porque es un mercado muy importante. Actualmente es bajo, pero se está incrementando cada año por el mejoramiento del poder adquisitivo de la población.

Ganadería ecológica en las sabanas inundables de Bolivia

- Desperdicio de áreas en las que el ganado no consume el forraje, que una vez lignificado debe ser quemado para facilitar un nuevo rebrote.
- Conflictos con la fauna que varían según la ecorregión[67].
- Problemas constantes de abigeato porque prevalece el concepto de que es un asunto policial, sin mejorar el manejo del ganado[68].
- Constantes accidentes por ganado en carreteras, que en Bolivia se considera algo normal cuando en otros países es delito.

La ganadería está caracterizada por:

- Pastoreo continuo, sin control
- Reducida práctica de conservación de forraje
- Desconocimiento de la pradera natural y del policultivo de forraje
- Sin sistemas de reforestación
- Reducida aplicación de las Buenas Prácticas Ganaderas (BPG) entre las que la mayor deficiencia es la trazabilidad.
- Actividades múltiples sin especialización en cría, recría o engorde
- Sin gestión de suelos ni de agua
- Rentabilidad media de 20 $us/ha/año.

Modalidades de ganadería

En las tierras bajas de Bolivia existen las siguientes modalidades de crianza de ganado bovino en diferentes ecorregiones, como se resume en la figura 2 (GIZ-AKUT 2022):

---

[67] Los conflictos con la fauna ocurren con más frecuencia en áreas cercanas a montes boscosos altos como los del Bosque Amazónico y el Bosque Seco Chiquitano. En áreas de sabana estos conflictos son menos frecuentes debido probablemente a la gran cantidad de capiguaras (*Hydrochoerus hydrochaeris*) de la región, roedor grande que habita en humedales y bosques densos estacionalmente inundados y cerca de cuerpos de agua, que es fuente de carne para los félidos y que en Bolivia no es consumido por el ser humano. En regiones en las que no existen capiguaras por la ausencia de humedales, el consumo humano reduce la población de otros animales, obligando a los félidos a buscar sus presas en el ganado bovino.

[68] Entre los años 2018 y 2022 se registró la pérdida por robo de 23.240 reses en territorio nacional, generando un golpe económico de $us 14,4 millones al sector (Confederación de Ganaderos de Bolivia, CONGABOL, 2023).

- **De sobrevivencia**. Práctica del no manejo también llamada extensiva en la que el ganado se larga al campo sin ningún control para que vague por donde pueda comiendo forraje natural. Su crianza es para contar con una reserva monetaria para situaciones de emergencia. Es una práctica arraigada en tierras bajas de los migrantes de tierras altas cuya labor principal es la agricultura y el comercio.

- **Extractiva**. Práctica del no manejo también llamada extensiva en la que se larga ganado a potreros de grandes dimensiones sin ningún control, para que vague por donde pueda comiendo forraje natural sobre-pastoreándolo en algunas áreas y desperdiciándolo en otras. Para ampliar su área de pastoreo se desbosca (en ecorregiones boscosas) y quema. El pasto no consumido y lignificado se quema cada año. Es la práctica común en la mayoría de las estancias de la sabana inundable y el Cerrado del Beni y del norte del departamento de La Paz, en el Pantanal boliviano y en el Chaco.

- **Progresista** (también llamada de manejo convencional, semi-intensiva). Ganaderías con manejo (pastoreo controlado) en las que se cumplen BPG, pero no se cuenta con recursos para alcanzar una mejor productividad. A esta modalidad pertenece en general la ganadería para producción de leche en predios cercanos a poblaciones.

- **Rentable** (también llamada de manejo intensivo y semi-intensivo). Ganaderías con manejo (pastoreo controlado) en las que el objetivo principal es la rentabilidad, para lo que se hacen inversiones importantes. Los temas ambientales y sociales son menos relevantes, pero existen estancias que se manejan con criterios eco-amigables. Aplican BPG y una muy eficiente administración para alcanzar alta productividad.

- **Sostenible** (también llamadas de manejo intensivo y semi-intensivo). Ganaderías con manejo (pastoreo controlado) que además de ser rentables, buscan que su productividad esté basada en una compatibilidad con el medio ambiente incorporando áreas boscosas a las pasturas (en ecorregiones como el Bosque Amazónico, el Cerrado y el Chaco), conociendo mucho las características de la pradera natural o cultivada (en la sabana inundable y el Cerrado) y preservando la calidad del suelo con recursos internos (ver el acápite de "Ganadería sostenible"). Algunas ganaderías cumplen con los requisitos para ser sostenibles (no son certificadas porque Bolivia no cuenta todavía con el protocolo que permita a certificadoras internacionales otorgar esta calificación) y otras se encaminan hacia esta modalidad. Al no existir una certificación internacional para ganaderías sostenibles, Bolivia no cuenta todavía con esta modalidad de ganadería.

Figura 5. Modalidades de ganadería

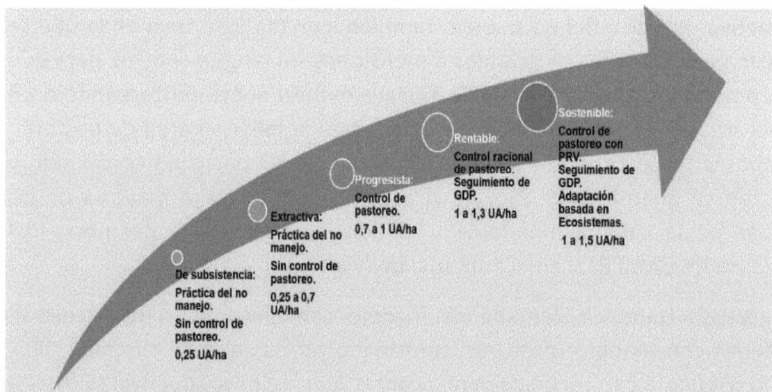

Fuente: Elaboración propia en GIZ-AKUT 2022.

Ganadería alineada con los Objetivos de Desarrollo Sostenible (ODS) y las Contribuciones Nacionalmente Determinadas (CND)

Los ODS fueron establecidos por la ONU en el año 2015 a través de la Agenda 2030 sobre el Desarrollo Sostenible con 17 objetivos que establecen que la erradicación de la pobreza debe ir de la mano de estrategias que fomenten el crecimiento económico, aborden objetivos sociales, combatan el cambio climático y protejan el medio ambiente.

Las CND son reducciones previstas de las emisiones de gases de efecto invernadero en virtud de la Convención Marco de las Naciones Unidas sobre el Cambio Climático (CMNUCC). Son una serie de medidas y acciones que los países que son parte del Acuerdo de París planean realizar para reducir sus emisiones de gases de efecto invernadero y adaptarse al cambio climático.

Ganadería ecológica en las sabanas inundables de Bolivia

Objetivos de Desarrollo Sostenible (ODS)[69]

La ganadería en Bolivia, al desarrollar indicadores y protocolos que la certifiquen como sostenible, deberá alinearse con los siguientes Objetivos de Desarrollo Sostenible:

Cuadro 4. Objetivos de Desarrollo Sostenible de la Ganadería Sostenible

Objetivos de Desarrollo Sostenible	Ganadería Sostenible (GS)
Nº 1 que persigue el fin de la pobreza	La expansión de la GS permitirá consolidar la industria cárnica que asegurará ingresos sostenibles para el Estado, reduciendo la vulnerabilidad de los productores y garantizando sus fuentes de ingreso
Nº 2 cuyo objetivo es el hambre cero	La conservación de los recursos productivos y la consolidación de prácticas sostenibles contribuyen a la generación de ingresos que facilitan el acceso a fuentes de alimentos para las familias y reducen la desnutrición
Nº 3 para asegurar la salud y el bienestar	Las actividades agropecuarias amigables con el medio ambiente contribuyen a la calidad de recursos como el agua, el aire y la biodiversidad, que inciden en la salud y el bienestar de la población
Nº 6 para consolidar sistemas de agua limpia y saneamiento	El cumplimiento de prácticas de GS permitirá reducir la huella hídrica de la ganadería, mejorar las fuentes y la cosecha de agua, así como el saneamiento. Pone atención en mejorar los estudios hidrológicos, ya que millones de personas y ganado dependen actualmente de cuencas fluviales en las que el consumo de agua supera la recarga
Nº 8 para brindar trabajo decente y desarrollo económico	Permite reducir el empleo informal, que predomina en las actividades agropecuarias, para que exista trabajo formal y desarrollo económico, reduciendo la brecha de desigualdad del trabajo no remunerado entre hombres y mujeres
Nº 13 como parte integral de la acción por el clima	La aplicación de prácticas de GS representa una nueva acción y un comportamiento diferente en el marco tecnológico que plantean las Conferencias de Partes, COP, para reducir el efecto del CC.
Nº 15 que protege la vida de ecosistemas terrestres	La GS, a través del adecuado manejo de suelos y de la recuperación de bosques, plantea gestionarlos sosteniblemente para luchar contra la desertificación y detener la pérdida de biodiversidad

Fuente: Elaboración propia en GIZ-AKUT 2022.

Contribuciones Nacionalmente Determinadas (CND)[70]

Como CND, Bolivia ha priorizado la relación de acciones de mitigación y adaptación en complementariedad con el desarrollo integral en las áreas de **agua, energía, bosques y agropecuaria** en el marco de su Agenda Patriótica 2025, y sus planes de desarrollo nacional (MMYA – APMT, 2022).

---

[69]https://www.un.org/sustainabledevelopment/es/objetivos-de-desarrollo-sostenible/
[70] NDC por sus siglas en inglés.

Ganadería ecológica en las sabanas inundables de Bolivia

Para el caso de la Ganadería Sostenible se toman en cuenta sólo dos de las áreas priorizadas, que son a) agua y b) bosques y agropecuaria. El desarrollo de la Ganadería Sostenible en el país contribuirá a alcanzar las siguientes metas establecidas en el documento de Actualización de las CND para el periodo 2021-2030 en el marco del Acuerdo de París (Ministerio de Medio Ambiente y Agua - Autoridad Plurinacional de la Madre Tierra, 2022):

Meta 11. Hasta 2030, reducir al 80% la deforestación en comparación con la línea base que hasta el año 2020 fue de 262.178 ha/año (promedio 2016-2020) considerando que el 60% de esta deforestación se debió a actividades ganaderas.

Meta 13. Hasta 2030, reducir en un 60% la superficie con incendios forestales, en comparación con la línea base de 1.447.070 ha/año (promedio 2019-2021).

Meta 15. Hasta 2030, incrementar la ganancia de cobertura de bosques en un millón de hectáreas.

Meta 20. Hasta 2030, se ha alcanzado 1.400 millones m3 de capacidad de almacenamiento de agua a través de la protección de fuentes de agua, cosecha y siembra de agua, sistemas de riego y agua potable alimentados por embalses pequeños y medianos que permitan el manejo de periodos de sequía, recuperación de cuerpos de agua y ecosistemas, y manejo sostenible de tierras en las poblaciones y comunidades locales.

Metas sector Agropecuario en las 4 áreas de impacto: social, resiliencia, reducción de riesgos y aumento de productividad.

En un país con gran debilidad institucional como Bolivia, los ODS y las CND son de gran importancia porque obligan al gobierno de turno a cumplir compromisos que asume como Estado ante el mundo. Una serie de acciones políticas clientelistas han incidido en una mayor deforestación durante los últimos años, como se explicó más arriba, y esto retrasa el cumplimiento del compromiso de la meta 11 de reducir al 80% la deforestación en comparación con la línea base. Considerando que en esta deforestación influyen las prácticas tradicionales de ganadería, la obligación de cumplir con esta meta impone al Estado la necesidad de adoptar acciones sostenibles en la ganadería, como la adopción de sistemas silvopastoriles y cadenas boscosas en las ecorregiones de bosques, la valoración de la pradera natural como forraje en las ecorregiones de sabana inundable y el pastoreo controlado en todas las ecorregiones. Esto está relacionado con el cumplimiento de la meta 13 para reducir en un 60% la superficie con incendios forestales.

El gobierno de Bolivia se ha comprometido, además, en la meta 15, a reforestar, definiendo que debe hacerlo en un millón de hectáreas, lo que implica la adopción de sistemas integrales ganadero-forestales.

Estamos comprometidos como país ante el mundo a través de la meta 20, a proteger las fuentes de agua y a gestionarlas a través de estudios hidrológicos y monitoreos permanentes. Este es un aspecto fundamental en ganadería por la huella hídrica de la producción de carne.

La Ganadería Sostenible como política de Estado propone impactar, a través de indicadores claramente establecidos, en desarrollo social, resiliencia, reducción de riesgos y aumento de productividad, que son las metas a las que se ha comprometido el Estado en el sector Agropecuario.

Las Contribuciones Nacionalmente Determinadas que podrán consolidarse a través de la expansión de la Ganadería Sostenible con relación al agua, bosques y agropecuaria son:

Cuadro 5. Contribuciones Nacionalmente Determinadas de la Ganadería Sostenible

Contribuciones Nacionalmente Determinadas	Ganadería Sostenible
Agua Incrementar de forma integral la capacidad de adaptación y reducir sistemáticamente la vulnerabilidad hídrica del país.	• Incrementar la capacidad de almacenamiento de agua mediante la promoción de reservorios adecuadamente construidos y mantenidos. • Estudios hidrológicos para definir el origen de las recargas de aguas superficiales y subterráneas. • Promoción de sistemas de riego de pasturas al contar con infraestructura resiliente y conocimientos hidrológicos que permitan reducir la vulnerabilidad hídrica. • Restauración de la cobertura vegetal (arbórea, pastizal, humedales y otros) para evitar la erosión y la desertificación. • Reducción de la contaminación de

	cursos de agua por consumo descontrolado de animales en sistemas de producción abiertos. Mayor eficiencia en el uso y consumo de agua animal.
Bosques y agropecuaria Incrementar la capacidad de mitigación y adaptación conjunta a través del manejo integral y sustentable de los bosques.	• Fortalecimiento de las capacidades de resiliencia en los sistemas de vida, funciones ambientales y sus capacidades productivas agropecuarias y agroforestales. • Fortalecimiento de las prácticas de manejo integral y sustentable de los bosques y el aprovechamiento integrado y sostenible de productos maderables y no maderables y sistemas agropecuarios. • Restauración y recuperación de suelos degradados y bosques deteriorados a través de la gestión de sistemas de manejo, conservación y recuperación de suelos. • Fortalecimiento de las capacidades de regeneración de los bosques y sistemas forestales incrementado la superficie de áreas forestadas y reforestadas. • Acciones de fiscalización y control para alcanzar cero deforestaciones ilegales y lograr un manejo adecuado de los bosques. • Transición hacia sistemas de manejo pecuario semi-intensivos de modalidad sostenible y de manejo integrado agrosilvopastoril. • Uso de razas de ganado y variedades de forrajes adaptadas localmente para lograr mayor productividad. • Agropecuaria aplicando la Adaptación basada en Ecosistemas (AbE) y las Soluciones basadas en la Naturaleza (SbN).

Fuente: elaboración propia en GIZ-AKUT 2022.

Políticas nacionales relacionadas con la ganadería

La política nacional relacionada con la ganadería deberá alinearse a políticas internacionales, entre las cuales son importantes los lineamientos establecidos por la FAO. Dado que la ganadería es un emisor de CO_2, es urgente implementar medidas para reducir su contribución al cambio climático, hacerlo más sostenible y alcanzar las metas globales establecidas en la Convención Marco de las Naciones Unidas sobre Cambio Climático (CMNUCC) y otros tratados multilaterales (FAO, 2023).

En este sentido, las Medidas de Mitigación Apropiadas para cada país (NAMA) (término de siglas en inglés acuñado en la COP13, en 2007) son de especial importancia. Las NAMA son mecanismos en los que las economías emergentes y los países en desarrollo establecen las medidas voluntarias de mitigación del cambio climático. Son acciones de mitigación adaptadas al contexto, las características y las capacidades, e integrada en las prioridades nacionales de desarrollo sostenible de cada país. Las NAMA son uno de los principales instrumentos para lograr reducir las emisiones de carbono. También son claves para las Contribuciones Nacionalmente Determinadas (NDC) que son reportadas a través de sistemas de monitoreo, reporte y verificación (MRV).

El año 2021, durante la COP 26, más de 100 países acordaron, a través del Compromiso Mundial sobre el Metano, reducir las emisiones globales de metano antropogénico en 2030 en un 30 % por debajo de los niveles registrados en el año 2020. Entre los países signatarios no está Bolivia, pero esto no significa que deba poner atención a los compromisos para mitigar la emisión de metano.

Mitigación y adaptación

El sector agropecuario es el único que puede compensar sus propias emisiones, aumentar su resiliencia o bien adaptarse al cambio climático, así como también reducir las pérdidas y daños causados por los fenómenos climáticos extremos. Dentro del sector agropecuario, la ganadería es el mayor emisor debido a que la fermentación que ocurre en el tracto digestivo de los rumiantes produce metano (CH_4), cuyo efecto de calentamiento global es 21 veces mayor al del CO_2. Además, en sistemas de ganadería intensiva la fertilización nitrogenada de las pasturas emite óxido nitroso (N_2O), cuyo efecto de calentamiento global es 310 veces mayor al del CO_2 (Botero R., 2013).

Sin embargo, los sistemas de producción bovina y de rumiantes en general son los que tienen el mayor potencial de reducir las emisiones de GEI. Esto se logra gracias a que los forrajes con mayor digestibilidad natural aumentan la eficiencia y la utilización del nitrógeno en la fertilización de las especies forrajeras, además de que se logra también la máxima captura y retención de carbono en los suelos y en algunos de los forrajes herbáceos, arbustivos, arbóreos y acuáticos nativos e introducidos, al ocupar la ganadería bovina la mayor área de suelos abierta en América Tropical (Botero R., 2013).

En Bolivia, el 20% de las emisiones totales del país provienen del metano (CH4). De este total, las actividades ganaderas representan el 60,3% de las emisiones por fermentación entérica (FET) y el 35,7% de las emisiones por manejo de estiércol. Según datos de la Autoridad Plurinacional de la Madre Tierra (APMT), el 80% del total de las emisiones de CO_2 se debió principalmente al sector Agricultura, Silvicultura y Otros Usos de la Tierra (AFOLU), donde una de las principales fuentes de emisiones fue generada por los cambios de uso de la tierra realizados por la ganadería (Tercera Comunicación Bolivia, MMAYA-APMT, 2020).

Según esta misma fuente, entre 1995 y 2020 el sector ganadero fue responsable de emisiones de gases de efecto invernadero de alrededor de 0,3 a 0,6 Gt CO2eq/año. Considerando los aportes actuales del sector ganadero a las emisiones de CO2 eq., se estima que las emisiones resultantes de la implementación de Acciones de Mitigación Nacionalmente Adecuadas (NAMA) tienen un potencial de mitigación entre el 25% y el 30%[71] y puede aprovechar el potencial de reducción de GEI de 10 MT CO2 eq./año. Por lo tanto, la ganadería representa hasta la mitad del potencial de mitigación de los sectores de la agricultura, la silvicultura y el uso de la tierra.

Para el período 2021 - 2030, Bolivia ha actualizado los objetivos y resultados en mitigación y adaptación a alcanzar con relación al agua y los bosques y agropecuaria, en el marco del desarrollo integral al año 2030, respecto de la línea de base del año 2020. Estos objetivos y resultados definidos el año 2021 se encuentran en el documento de "Actualización de la Contribución prevista Nacionalmente Determinada del Estado Plurinacional de Bolivia" (MMAYA-APMT, 2022).

---

[71] Según estudios actuales del Grupo CREA Paraguay (2022), aplicar prácticas ganaderas sostenibles permite reducir 37% de la cantidad de Kg de CO2eq/Kg PV.

Ganadería ecológica en las sabanas inundables de Bolivia

La expansión de la Ganadería Sostenible deberá estar alineada con los objetivos y resultados en mitigación y adaptación en el área de agua a través de la reducción de la huella hídrica de la actividad pecuaria en la ecorregión de la Sabana Inundable. Para esto es fundamental que exista un mejor monitoreo y actualización de POP a través de la ABT y que se logre diseñar un sistema de certificación de predios con Ganadería Sostenible.

Acuerdos internacionales

Bolivia ha firmado acuerdos internacionales para la atención de la salud animal y la agropecuaria, por lo que es país miembro de varias entidades internacionales como la Mesa Redonda Global de Carne Sostenible (GRSB, por sus siglas en inglés), la Organización Mundial de Sanidad Animal (OIE), el Comité Veterinario Permanente del Cono Sur (CVP), el Comité Técnico Andino de Sanidad Agropecuaria (COTASA) y la Federación de Asociaciones Rurales del Mercosur (FARM).

Todo avance en el manejo adecuado del ganado y especialmente en el tema sanitario es un paso hacia la consolidación de la Ganadería Sostenible. Es por eso que la suscripción de convenios y acuerdos internacionales con organizaciones que velan por la sanidad animal mundial es positiva para alcanzar una pecuaria responsable.

VI. LA GANADERÍA EN PRADERAS NATURALES DE SABANA INUNDABLE

La producción ganadera en praderas naturales está concentrada en el hemisferio sur en países de América Latina, Oceanía y África (ver figura 1). Se estima que más de la mitad del ganado en pastoreo del mundo se encuentra en estas regiones produciendo un tercio de la carne y una sexta parte de los productos lácteos del planeta (FAO, 2008).

En América del Sur las sabanas ocupan cerca del 45% de su territorio y cuentan con 16 tipos de pastizales, más que cualquier otro continente. Cubren un área de aproximadamente 4 millones de kilómetros cuadrados, un 19,3% de su superficie distribuida entre Argentina, Bolivia, Brasil, Colombia, Paraguay y Venezuela (Peñuela et al., 2019).

Como ya se mencionó más arriba al describir las sabanas tropicales, entre las sabanas húmedas de América del Sur pueden diferenciarse tres formaciones que son: a) las sabanas bien drenadas isohipertérmicas (principalmente llanos en Colombia y Venezuela); b) las sabanas bien drenadas isotérmicas (principalmente Cerrados de Brasil) y c) las sabanas mal drenadas (situadas en Bolivia, Brasil, Colombia, Paraguay y Venezuela) (CIAT, 1981).

La ganadería de cría en la sabana inundable ha estado históricamente ligada al uso de la oferta de forraje natural, su comprensión de la dinámica de los ciclos hidrológicos y la movilidad de los animales en el territorio; no obstante, la manera cambiante como se está comportando el clima implica hoy nuevos retos y oportunidades. Se requiere un enfoque más integral y comprehensivo de los determinantes de la producción, fundamentales para su sostenibilidad (Peñuela et al., 2014).

Brasil y Paraguay

Las sabanas mal drenadas o inundables de Brasil y de Paraguay son las del Pantanal (única ecorregión de sabana inundable de estos países), que comparten con Bolivia. En Brasil algunas áreas del Cerrado (sabanas bien drenadas isotérmicas) se confunden con la sabana inundable, que sólo existe en el Pantanal, región en la que ocupa la mayor extensión (60 a 70% con 140.000 Km2). El Pantanal de Bolivia es de 33.000 Km2 (20%) y el de Paraguay de 5.000 Km2 (10%) (Azurduy H., 2008).

Ganadería ecológica en las sabanas inundables de Bolivia

En el Pantanal de Brasil se considera a la ganadería (con aproximadamente 3,8 millones de cabezas de ganado) como la única actividad rentable de la zona y se hacen esfuerzos por producir carne sostenible y respetuosa con el medio ambiente en base a forraje natural para mercados selectivos cumpliendo un "Protocolo de Carne Sostenible". Este protocolo está coordinado con la Confederación de la Agricultura y Ganadería de Brasil (CNA), es fiscalizado por el Ministerio de Agricultura, Ganadería y Abastecimiento (MAPA) y auditado por el Instituto Biodinámica (IBD). Los productores adscritos utilizan la aplicación "Hacienda Pantanera Sostenible" (Fazenda Pantaneira Sustentável, FPS), desarrollada por la Empresa Brasileña de Pesquisa Agropecuaria (EMBRAPA), un software que evalúa los procesos productivos para detectar el grado de sostenibilidad de las propiedades a través de diversos indicadores. El software genera una nota final con las respuestas de todos los indicadores y aporta un informe que señala si una hacienda es sostenible o si necesita hacer ajustes (WWF, 2017).

La ganadería en el Pantanal paraguayo se concentra en el departamento de Alto Paraguay donde se encuentra el 27% del hato total nacional que el año 2020 alcanzaba a 14 millones de cabezas. Es decir que, por el tamaño del hato ganadero, la ganadería del Pantanal paraguayo - de 3.780.000 de cabezas - y que sólo ocupa el 10% de esta Sabana Inundable (5.000 Km2), es equiparable a la que hay en el Pantanal de Brasil (140.000 Km2). Esto se debe a que la ganadería paraguaya experimentó un salto exponencial desde el año 2008 impulsado por la demanda internacional de carne que ubica cada vez más al Paraguay en el mercado mundial. Este mercado dinamiza la adquisición de tierras para la ganadería de modalidad rentable con inversiones en infraestructura como el equipamiento y mantenimiento de viviendas, potreros adecuados, caminos, vehículos, corrales, máquinas y pistas de aviación (Ministerio del Ambiente y Desarrollo Sostenible del Paraguay, MADES, 2022).

Paraguay cuenta con un sistema de trazabilidad grupal que funciona durante las campañas de vacunación. Registra datos de propietarios, establecimiento de origen y de destino, número, categoría y marca de los animales bovinos, permitiendo el rápido acceso a la información en caso de eventos sanitarios. El Estado ha establecido con el sector privado un registro individual con el objetivo de rastrear, desde la granja a la faena, tanto a los animales como a sus subproductos cárnicos con miras a la exigencia de algunos mercados de exportación. Cuenta con un Departamento de Ganadería Sostenible y Cambio Climático dependiente del Viceministerio de Ganadería.

Argentina

Los pastizales naturales de la Argentina, si bien pertenecen a un ecosistema distinto (ecorregiones templadas de pampas con drenaje deficiente), son importantes para la ganadería en pradera natural por la certificación mundial que tiene la carne producida en esta región (el 55% del hato nacional se ubica en la región pampeana) (Jaurena G. et al., 2015), tanto con el sello de "Huella Natural" como otros de tipo arancelario de exportación de carne como la Cuota Hilton (ver más adelante el acápite de certificación). Argentina, Brasil, Paraguay y Uruguay crearon la iniciativa conocida como Alianza del Pastizal el año 2006 para el bioma pampa impulsados por ONG de conservación de aves, ya que la presencia de aves es un muy buen indicador de la salud de un ecosistema, además de tratarse de especies fáciles de detectar (Contenidos CREA, 2022).

La forma tradicional de producción de carne en Argentina ha sido la del aprovechamiento directo de forrajes de pastizales nativos o pasturas implantadas. Distintas fuentes especializadas señalan que actualmente los animales engordados a corral representarían entre el 20 y 46% de la carne producida para el mercado interno. Las pasturas y pastizales siguen siendo estructurales y medulares para la viabilidad y sustentabilidad de los sistemas ganaderos. En el centro-este de Argentina, los pastizales pampeanos ocupaban originalmente una superficie cercana a los 400.000 km2 que actualmente se han reducido a 140.000 hectáreas debido al avance de la agricultura (Bilenca D. et al., 2013).

Colombia y Venezuela

Las sabanas colombo venezolanas están en la cuenca del río Orinoco siguiendo aproximadamente su delineación. En Colombia se encuentran 17,9 millones de ha de esta cuenca en la que el 16,5% (2,96 millones de ha) es de sabana inundable. Como en todos los países con este ecosistema, gran parte de esta superficie está cubierta de gramíneas nativas en la que se ha desarrollado una ganadería de tipo extensivo de 1,2 millones de cabezas en la que predomina el sobrepastoreo y la quema de pastizales excedentes (Peñuela et al., 2019). Colombia, con un hato total de 26 millones de cabezas, contribuye permanentemente al estudio de prácticas ganaderas en las sabanas inundables y es una fuente importante de datos para implementar la ganadería en este ecosistema que ocupa el 32% del territorio del país.

En Venezuela el ecosistema de sabana es de aproximadamente 18 millones de hectáreas, de las que 5 millones han sido identificadas como sabanas inundables o biestacionales (Torres G. R., 1994) en las que se encuentra el 70% del total nacional de 9,5 millones de cabezas. En los últimos años la producción de carne en Venezuela se ha reducido en un 55% (FEDENAGA, 2019).

Pastoreo controlado en praderas naturales inundables

El pastoreo controlado en praderas naturales inundables tiene pocos aportes de estudios y experiencias en relación a la inmensa bibliografía sobre pastoreo en forraje cultivado e incluso en praderas naturales no inundadas. En los Llanos de Moxos se han hecho estudios sobre pastoreo controlado en la Universidad Autónoma del Beni (UAB) a través del Centro Nacional de Mejoramiento de Ganado Bovino (CNMGB) y de la Facultad de Ciencias Agrícolas, con aportes como tesis de grado, trabajos dirigidos y otros para investigaciones muy específicas (ver anexo 6).

También son escasos los estudios sobre la botánica de la pradera natural y los aportes más valiosos hasta ahora son los de Stephan Beck y colaboradores desde los años 80 y los estudios del Herbario Nacional (Beck S.G., 1983 y 1984) (Beck S.G. y Sanjinés A., 2006), a los que se han sumado pocas investigaciones de importancia para el estudio de la pradera natural inundable relacionada con la ganadería. Esto es más limitado todavía en el caso del Pantanal donde existen estudios de botánica, colecciones herbolarias y de forrajeras nativas, manuales de ganadería, pero no de aplicación de pastoreo controlado en los establecimientos ganaderos.

A diferencia del pastoreo controlado, el sistema de pastoreo continuo que hasta ahora persiste en la ganadería de la sabana inundable consiste en una deambulación libre del ganado dentro de un área grande de campo delimitada por lindes artificiales (alambradas) o naturales (ríos, pantanos etc.). El ganado demuestra preferencia por ciertos sectores en los que encuentra pastos más palatables según la época del año y al dejarlo a su entera libertad para el pastoreo desperdicia grandes áreas cuya remoción obliga al uso excesivo del fuego. Es una forma de quemar forraje y, por lo tanto, de quemar recursos económicos.

En este sistema libre el ganado de la sabana inundable sigue en general los siguientes hábitos: durante la época seca prefiere las zonas bajas en las que se mantienen pastos verdes debido a la humedad y en las que encuentra fuentes naturales de agua. Una vez quemada la pradera se concentra en estas áreas buscando rebrotes verdes entre la ceniza. La época seca es la de menor productividad y la de mayor amenaza a la biodiversidad del forraje natural debido al sobrepastoreo. Durante la época de transición entre la estación seca y lluviosa el ganado tiende a distribuirse en forma regular entre zonas altas y bajas. En los meses de lluvias e inundación se refugia en las zonas altas secas boscosas para pasar la noche y para ramonear árboles. Durante el día pastorea en los pastizales inundados de los alrededores incluso con medio cuerpo sumergido aprovechando toda la vegetación que sobresale del agua.

Se puede controlar el pastoreo de diversas maneras cambiando de sitio al ganado, rotando potreros o rodeándolo con vaqueros en determinados lugares (pastoreo alterno, rotacional o diferido) pero la forma que permite alcanzar el máximo rendimiento de la pradera sin afectarla y con el menor uso de mano de obra es el sistema de pastoreo racional que nos fue legado por el físico y químico francés André Voisin. Este sistema llamado Pastoreo Racional Voisin o PRV por sus siglas, es el resultado de la experiencia del autor durante 20 años como ganadero - en los años 40 del siglo pasado – en base a la que escribió siete libros en los que expuso todas sus observaciones, reflexiones, estudios, análisis y conclusiones sobre la manera más apropiada de usar las pasturas para ganadería, de cómo darles un óptimo mantenimiento y de cómo hacer que su calidad y productividad fueran perdurables indefinidamente (Rúa M., 2009).

En América Latina la obra de A. Voisin sobre pastoreo racional fue conocida y aplicada gracias a Luis Carlos Pinheiro, catedrático de la Universidad de Rio Grande do Sul (Porto Alegre, Brasil) y ganadero, quien escribió el libro

Ganadería ecológica en las sabanas inundables de Bolivia

"Pastoreo Racional Voisin (PRV) - Tecnología Agroecológica para el Tercer Milenio" (Pinheiro L.C., 2006), en el que resume la propuesta de Voisin enriquecida con sus propias experiencias y las de múltiples investigadores que lo respaldan.

A través de estos aportes la ganadería de regiones tropicales y subtropicales del hemisferio sur cuenta con una valiosa herramienta del pastoreo racional que antes despertaba susceptibilidades por haber sido enunciada en una región templada del hemisferio norte y por las dudas en cuanto a su aplicación en grandes áreas[72].

Las observaciones en las que Voisin y Pinheiro basan sus propuestas se aplican perfectamente a lo que se observa en el pastoreo libre de la sabana inundable de Bolivia en el que se desperdician enormes biomasas de forraje. El Pastoreo Racional Voisin es un sistema necesariamente ligado a una ganadería sostenible, como se puede ver en el cuadro 6.

Voisin afirmó que - sin importar el lugar del mundo del que se tratase ni las condiciones agroecológicas predominantes en su entorno - las gramíneas en general (sea cual sea su género o especie) se ven afectadas por cuatro sucesos muy importantes que experimentan a lo largo de su existencia al relacionarlas con los animales que las consumen. Estos cuatro sucesos fueron denominados por él como las "cuatro leyes del pastoreo" y son las bases fundamentales para la planificación de todo proyecto de PRV. Estas leyes son: del reposo, de la ocupación, del rendimiento máximo y del requerimiento regular (Pinheiro L.C., 2006). Son en general observaciones del comportamiento de las plantas y de los animales que las consumen, con el mensaje fundamental de que el pastoreo debe ser íntimamente comandado por el humano, condición que debe romper la tradición de los sistemas libres, ambulatorios o trashumantes de pastoreo en el mundo y en la sabana inundable de Bolivia.

Posteriormente el PRV fue adoptado en áreas tropicales y templadas de América Latina. En Brasil con el aporte de muchos ganaderos como Nilo

---

[72] Inicialmente el mismo Dr. Pinheiro tenía dudas sobre este sistema, pero después de treinta años de practicarlo y de reunir resultados sorprendentes y concluyentemente positivos en su propia ganadería de doble propósito "Fazenda Alegría", escribió el libro mencionado y se dedicó a capacitar a miles de ganaderos en Brasil, Colombia y otros países (Rúa M., 2009).

Ganadería ecológica en las sabanas inundables de Bolivia

Romero desde 1963 y actualmente promovido por muchas consultoras agropecuarias como la Consultoría Agropecuaria On Line del Prof. Humberto Sorio y asociados. Existen muchos videos en el sitio web YouTube que explican esta tecnología para producir con mayor carga animal en el menor espacio y en el menor tiempo posible.

Cuadro 6. Comparación de sistemas de pastoreo

PASTOREO RACIONAL VOISIN	PASTOREO CONTINUO
Sistema de pastoreo intensivo	Sistema de pastoreo extensivo
Mayor base forrajera nutricional: productividad de pasto superior a 20 ton/ha.	Menor base forrajera nutricional: productividad de pasto inferior a 10 ton/ha.
Máxima calidad nutricional en las pasturas (cosecha en su punto óptimo) y por lo tanto menor dependencia en el uso de suplementos nutricionales.	Pastos comúnmente lignificados y degradados (pasto pasado de su punto óptimo de cosecha) de regular calidad nutricional , por lo que se requiere el uso de suplementos nutricionales.
Mayor carga animal por unidad de superficie (6 UA/ha = 3.000 Kg/ha). Ganancias de peso mayores (600 gr/animal/día).	Menor carga animal por unidad de superficie (menos de 1 UA/ha = menos de 1.000 Kg/ha). Ganancias de peso menores (inferiores a 500 gr/animal/día).
Mayor producción de leche (más de 3.000 lt/vaca/lactancia).	Menor producción de leche (menos de 2.000 lt/vaca/lactancia).
Ganado con mayor fertilidad (natalidad superior a 70% anual).	Ganado con fertilidad irregular (natalidad menor al 60% anual).
El suelo no se compacta y por lo tanto se evita el uso de maquinaria. La pastura no utiliza fertilizantes químicos. La producción es orgánica y limpia.	Los suelos se compactan y deben ser removidos con maquinaria. La pastura requiere de fertilización química.
Mayor estabilidad en la productividad de la pastura. No es tan drástica la disminución de forraje en la época seca por la mejor retención de humedad del suelo.	Descenso en la productividad de la pastura por pérdida de humedad del suelo. Deben implementarse sistemas de riego para evitar descensos graves de la productividad.
La estabilidad de la productividad de la pastura da lugar a que también sea estable la productividad del ganado incluso en épocas de sequía.	En épocas críticas será necesario evacuar el ganado y llevarlo a zonas no sobrepastoreadas.
El control adecuado de la carga animal evitando la sobreutilización de la pastura reduce la aparición de malezas y evita el uso de herbicidas y mano de obra suplementaria para su control.	Control de malezas usando herbicidas o mano de obra suplementaria.
Reducción de uso de antiparasitarios y de esteroides de engorde en el ganado porque el vigor y la biodiversidad de la pastura reduce la aparición de parásitos y acelera la ganancia de peso.	Mayor dependencia de antiparasitarios y de esteroides para engordar ganado.

Fuente: adaptación propia en base a Rúa M., 2009.

En la ganadería de tierras bajas de Bolivia se tuvieron las mismas dudas y escepticismo sobre la aplicación del PRV con cercas eléctricas como método de control del pastoreo que tuvieron en su tiempo Pinheiro y otros ganaderos en Brasil. Sin embargo, hoy es un sistema muy extendido y de uso corriente, particularmente en ganaderías de modalidad rentable y administración eficiente como las de la Chiquitanía en las que para los vaqueros es corriente trabajar con cercas eléctricas, habiendo incluso creado términos locales para el movimiento de los hilos, como "piolinear" o "guasanear" (de "guasán" o vuasán, pronunciación de Voisin) (GIZ-AKUT, 2022). También en los Llanos de Moxos la aplicación del PRV por estancias rentables y progresistas ha ido rompiendo prácticas tradicionales contribuyendo a experiencias del uso de cercas eléctricas en zonas inundables.

Sobre la base de los estudios existentes se pueden establecer los lineamientos de la racionalización del manejo de la pradera natural para la producción bovina, efectuando una transición del sistema continuo tradicional al pastoreo controlado adoptando diversas prácticas y actividades.

Actividades complementarias

La división de los campos de pastoreo es fundamental para el uso racional de la pradera y la categorización del ganado según los objetivos de producción de leche o carne (cría, recría, y engorde o especialización en sólo una de estas actividades). Los linderos establecidos por alambradas donde no existen límites naturales, definen campos cerrados o potreros que cuentan con terrenos altos y aguadas naturales y en ellos deben elegirse áreas para el pastoreo controlado utilizando cercas eléctricas. Actualmente la oferta de servicios de instalación y puesta en marcha de sistemas de cercas eléctricas facilita el acceso a estos sistemas a todo tamaño de emprendimiento ganadero. La definición de los campos que deben ser divididos para el pastoreo racional debe tomar en cuenta otros aspectos que se analizan más abajo como el conocimiento de las comunidades vegetales, la construcción de estanques cuando el campo no tiene acceso a fuentes de agua o el levantamiento de alturas para refugio del ganado en áreas muy inundables.

La regulación de la carga animal debe establecerse según las condiciones del forraje natural para determinar el número adecuado de cabezas por superficie. La observación de las condiciones en que se mantiene el ganado, así como la vegetación natural durante las épocas más difíciles que son las de sequía y de inundación, permite determinar si existe el número adecuado de unidades animales (UA) por hectárea.

La pradera natural de la sabana inundable tiene plantas indicadoras de sobrepastoreo, como puede verse en el anexo 5 en la descripción de *Plantas no forrajeras importantes en el ecosistema*. Pérdidas de peso en los animales y aparición de vegetación no forrajera son indicios de deterioro de la pradera por exceso de carga animal. Esta carga animal fluctúa actualmente entre 0,4 a 0,25 UA/ha (que se expresa también como 2,5 a 4 ha por UA) y está lejos de lo que se podría alcanzar aplicando sistemas de pastoreo controlado (ver cuadro 6).

También se utiliza la carga animal para ampliar o mejorar la calidad de un campo de pastoreo ya que se ha observado que con cargas altas en áreas con curichis o yomomos (pantanos permanentes y estacionales que no sean declarados servidumbres ecológicas en el POP), o cubiertas de pastos muy fibrosos y toscos, éstos tienden a desaparecer debido al pisoteo y sobrepastoreo, dando lugar a pastos de mejor calidad. En otras áreas la disminución de la carga animal conduce al fortalecimiento de especies forrajeras que combaten la aparición de especies no deseadas.

La construcción de alturas y estanques permite utilizar, en el primer caso, campos muy bajos totalmente anegados en la época de lluvias o, en el segundo caso, áreas sin acceso a fuentes naturales de agua. La falta de alturas en las que el ganado pase la noche conduce a la subutilización de estos campos ya que en época de inundación deben quedar sin ganado. De igual manera existe un desperdicio de praderas si en la época seca no se puede tener ganado en ellas por falta de una fuente de agua.

Alturas y estanques se hacen con maquinaria. Las características de suelos pesados de drenaje deficiente permiten almacenar agua durante todo el año simplemente excavando grandes fosas[73]. La tierra extraída puede ser utilizada para el levantamiento de terraplenes que sean alturas de refugio para el ganado en época de inundaciones. También se hacen aguadas construyendo

---

[73] Esta facilidad dada por el alto contenido de arcilla de los suelos permite embalsar agua sin que se infiltre y ha generado la proliferación de estanques que además de ser abrevaderos son criaderos de peces, facilitando una ganadería integral a la que se añade la meliponicultura (crianza de abejas meliponas o abejas sin aguijón).

atajados en las cañadas y arroyos para facilitar la acumulación de agua en áreas aledañas a potreros con cercas eléctricas para que el ganado tenga un fácil acceso evitando que camine grandes distancias. El cambio de las cercas eléctricas modificando los potreros evita que el pisoteo y la circulación del ganado erosionen estos corredores que unen aguadas o estanques a campos naturales de pastoreo.

La distribución de saleros permite un uso más homogéneo de la pradera y la utilización intensa de áreas que el ganado no visita, siempre que sean movibles y en función a la división de potreros para pastoreo controlado para evitar el excesivo deterioro del suelo por el pisoteo del ganado. La avidez del ganado por la sal común (cloruro de sodio) es el resultado de la deficiencia de otros minerales como fósforo y calcio en su alimentación. En la medida en que el pastoreo racional mejora la pradera y por lo tanto la alimentación del ganado, esta apetencia por la sal se va reduciendo (Rúa M., 2009). La sal se utiliza también para establecer rodeos que son lugares de reunión de animales en los que se fomenta la monta o se efectúan algunos controles que no requieren de encerramiento en corrales, como la desinfección de ombligos de terneros recién nacidos o el control de placentas retenidas.

El adiestramiento de la mano de obra es fundamental para la aplicación apropiada del pastoreo controlado y mucho más si se trata de PRV que impone un cambio total en las prácticas tradicionales de la ganadería en la sabana inundable de Bolivia. En general las estancias actualmente están manejadas por personal con poca formación en prácticas nuevas de pastoreo y manejo de ganado. La tradición ha llevado a que los ganaderos se formen más en aspectos de salud veterinaria que en alimentación animal debido a las permanentes deficiencias nutricionales que son las que provocan enfermedades. Con una mayor atención a la calidad de la pradera los animales pueden estar mejor nutridos y por lo tanto con menor propensión a enfermarse[74].

El ensilaje y la henificación permiten contar con forraje en épocas críticas que, a diferencia de otras ecorregiones, en la sabana inundable son dos: sequía e

---

[74] Es por esta razón que por mucho tiempo la formación profesional de ganaderos en Bolivia se inclinó y todavía tiende más a la veterinaria que a la agronomía. La adición de conocimientos zootécnicos a la formación veterinaria ha mejorado la formación profesional de ganaderos y mucho más si son adiestrados en agronomía para la valoración del forraje natural y la producción de forraje cultivado, además de la producción de cultivos asociados a la alimentación animal.

inundación. Son prácticas desconocidas en la ganadería de la sabana inundable de Bolivia. Sin embargo, muchos de los pastos naturales de la sabana podrían henificarse para destinar el heno en época seca a vacas en lactancia y terneros desnutridos en edad de consumir forraje. Se deben probar diversas pasturas nativas para henificación o cultivar en semialturas las leguminosas asociadas con gramíneas con buenas características para henificación.

La mayor limitante para henificar los pastos está en que su mayor producción en materia verde se verifica en época de lluvias, cuando es difícil secarlo por exposición al sol. Sin embargo, el uso de trípodes de madera y el venteado puede acelerar el secado hasta permitir su almacenamiento como materia seca. Otra alternativa que es independiente de las condiciones climáticas es el ensilaje.

Observar y **adaptar experiencias de otros países** con sabanas inundables similares es muy útil para buscar el mantenimiento y la mejora permanente de la pradera natural. Existen situaciones similares en países vecinos y otros, como se describió más arriba en este trabajo. Las experiencias de la utilización exitosa del Pastoreo Racional Voisin en sabanas inundables de Colombia y Brasil podrían ser muy útiles para el aumento de la productividad de la ganadería nacional.

La evaluación de la pradera en forma periódica y adoptando una metodología estandarizada no es una práctica común en la ganadería de la sabana inundable de Bolivia. A esto se debe el desconocimiento del efecto que tienen sobre las especies forrajeras el sobrepastoreo o el fuego. La pradera natural es un recurso que no está valorado en su justa dimensión en la región. Se desconocen sus especies, su dinámica, su enorme potencial. Introducir prácticas de evaluación permitiría subsanar esas falencias. En forma general se debería tener en cuenta que la productividad de una pradera adecuadamente manejada aumenta el peso vivo de los animales en un 39 a 127 % dependiendo de las características particulares de los campos de pastoreo (Bauer B., 1968). Esta productividad es mayor si se tiene en cuenta que se alcanza sin afectar el ecosistema, conservando la biodiversidad y el equilibrio del bioma de la sabana.

Características de los pastos nativos

Para establecer el pastoreo controlado en praderas naturales inundables es fundamental la observación de la composición y características de los pastos naturales disponibles para definir las áreas en las que se establezcan potreros temporales de cercas eléctricas. Es necesario conocer las distintas comunidades vegetales individualmente, desde las acuáticas hasta los bosques altos nunca inundados (islas), conociendo sus especies representativas, como se explica en el acápite de "Ganadería en los ecosistemas de Sabana Inundable" tanto de los Llanos de Moxos como del Pantanal. Más adelante en el cuadro 14 de describen las comunidades vegetales de los Llanos de Moxos y en el cuadro 15 los ecosistemas y comunidades vegetales del Pantanal. En el anexo 5 se presenta un listado de estas especies en ambas regiones.

Se presentan a continuación las características generales de la pradera natural en sabanas inundables.

La composición de la pradera natural

Las principales especies forrajeras y no forrajeras nativas de la sabana inundable en Bolivia tienen características que se concentran en tres familias taxonómicas principales combinadas con plantas acuáticas y otras pertenecientes a otras familias. Estas tres familias son: gramíneas, ciperáceas y leguminosas.

Gramíneas

Plantas monocotiledóneas[75] que se parecen a la grama que son anuales o perennes con tallos cilíndricos herbáceos y a veces leñosos con nudos y entrenudos (Font P., 2001). Son las que dominan los paisajes de praderas, estepas y sabanas junto con otras que por su aspecto similar se denominan graminoides pero que pertenecen a otras familias como las ciperáceas y las juncáceas. La familia de las gramíneas (también denominadas *poáceas*) tiene unas 4.000 especies y su gran importancia estriba en que entre ellas están los cereales que son fundamentales para la alimentación humana (trigo, maíz, arroz, avena, cebada, centeno etc.). Los pastos forrajeros de esta familia

---

[75] Grupo de angiospermas (plantas con flores) que posee un solo cotiledón en su embrión en lugar de dos, como poseen las dicotiledóneas. Esto es muy importante desde el punto de vista de su fisiología para el control de malezas.

suelen crecer en una gran diversidad de lugares y su palatabilidad es muy variable. Tienen ventajas como fuente de alimento para herbívoros debido a las siguientes características:

a) mantienen un crecimiento vegetativo continuo, interrumpido sólo por períodos de sequía o de severa inundación;

b) muchas especies se propagan por rizomas o estolones que forman raíces adventicias y cubren rápidamente el suelo;

c) el sistema radicular aglomera las partículas del suelo formando terrones de césped y extrayendo a la superficie nutrientes que han sido infiltrados al subsuelo por las lluvias.

En el anexo 5 se describen 54 especies de gramíneas tanto de los Llanos de Moxos como del Pantanal.

Ciperáceas

Las ciperáceas son plantas similares a las gramíneas y también monocotiledóneas, pero la gran diferencia a simple vista es que la mayor parte de ellas tiene tallos triangulares y no cilíndricos. Además, estos tallos suelen no tener hojas como en las gramíneas y frecuentemente están coronados por penachos de inflorescencias (flores). Gran parte de estas plantas son acuáticas, características de los humedales, como las del género *Eleocharis* cuyo nombre alude a los pantanos, y su palatabilidad es variable. Son unas 3.000 especies distribuidas en casi todo el planeta. Las plantas más representativas de esta familia son las totoras[76]. En el anexo 5 se describen 14 especies de ciperáceas tanto de los Llanos de Moxos como del Pantanal.

Leguminosas

Plantas dicotiledóneas de formas mucho más variadas que las gramíneas y ciperáceas porque pueden ser herbáceas pequeñas, arbustos y hasta árboles enormes. Son las llamadas de hoja ancha para diferenciarlas de las gramíneas y graminoides. Las flores son muy variadas y mucho más llamativas que las de pastos.

---

[76] Existen varias "totorillas" entre las forrajeras nativas de los Llanos de Moxos y del Pantanal (ver lista en anexo 5), pero no la clásica totora del Lago Titicaca de la que se hacen balsas, que es *Schoenoplectus californicus*.

Ganadería ecológica en las sabanas inundables de Bolivia

En general las forrajeras leguminosas (llamadas también *mimosáceas* y *papilionáceas*) son más nutritivas que las gramíneas y tienen la virtud de concentrar nitrógeno en sus raíces contribuyendo a la nutrición del suelo por su capacidad de fijación del nitrógeno atmosférico a través de bacterias que forman nódulos en las raíces. Esta característica es muy valiosa en la sabana natural debido a que constituyen una fuente natural de nitrógeno para el suelo. Este contenido de nitrógeno en la planta hace que algunas leguminosas sean una fuente de proteínas. Su adecuado manejo en asociación con gramíneas y otras especies permite una mejora en la conservación de suelos y en la dieta de los animales.

El fruto frecuentemente es una legumbre, o sea, una vaina que encierra semillas. Existen más de 12.000 especies distribuidas en tres subfamilias (Font Quer P., 2001). Es de esta familia la planta forrajera más utilizada en zonas templadas del mundo por sus grandes virtudes como alimento y como mejoradora de suelos: la alfalfa (*Medicago sativa*). Y es también de esta familia la planta más importante como fuente de proteína vegetal para la alimentación de bovinos, porcinos y aves: la soya (*Glycine max*). En el anexo 5 se describen 18 especies de leguminosas tanto de los Llanos de Moxos como del Pantanal.

<u>Otras plantas forrajeras</u>

Se ha hecho en base a estudios de Beck S.G. y Sanjinés A. (2006) una selección de plantas forrajeras de diversas familias botánicas tanto en los Llanos de Moxos como en el Pantanal que en general muestran características de buena tolerancia a la inundación y son mediana o eventualmente palatables. Al igual que las plantas no forrajeras importantes en el ecosistema, varias de éstas plantas forrajeras son indicadoras del estado de las praderas, que cambia por diversas prácticas de manejo como el uso del fuego, el sobre o sub pastoreo y el grado de inundación o sequía.

<u>Plantas no forrajeras importantes en el ecosistema</u>

Estas plantas son mayormente indicadoras del estado de la pradera o incluso del comportamiento de lagunas y pantanos. Algunas de ellas son tóxicas y su ocurrencia en ciertos medios es digna de estudio.

La lista del anexo 5 de las principales especies forrajeras y no forrajeras nativas de la sabana inundable de Bolivia se basa, para los Llanos de Moxos, en la "Guía ilustrada de los pastos nativos de la sabana húmeda del Beni" publicada el 2006 (Beck S.G. y Sanjinés A., 2006). Para el Pantanal está basada en la "Guía ilustrada de plantas forrajeras nativas del Pantanal" de Martínez, M.T. et al., 2020. Los nombres comunes son los que se utilizan en las estancias de ambas regiones. Se repiten varios de ellos como cañuela morada, arrocillo, totorilla, pelillo.

La mayor parte de las plantas que componen la pradera natural de la sabana inundable son más eficientes en la fijación de carbono atmosférico que las plantas de zonas templadas al tener de 40 a 86% de su biomasa en el suelo y capacidad para minimizar las pérdidas de agua durante la transpiración vegetal (plantas C4[77] comunes en hábitats cálidos). Esta capacidad es muy importante para compensar la emisión de gases de la ganadería a través del manejo eficiente de la vegetación y el suelo.

Cualidades deseables de las especies forrajeras naturales

En la calificación de especies forrajeras naturales las cualidades deseables son: productividad, palatabilidad, valor nutritivo y capacidad de adaptación a los suelos y a las condiciones climáticas (McIlroy, R.J., 1975).

La productividad o el rendimiento dependen de: a) la persistencia, o la capacidad de sobrevivir y de propagarse por métodos vegetativos; b) la agresividad, o capacidad de competir con otras especies asociadas; c) la capacidad de recuperación después de sobrepastoreo y pisoteo; d) la resistencia a la sequía y a la inundación; e) la facilidad para establecer la planta en forma económica a través de la propagación manual vegetativa; y f) la fertilidad del suelo (en especial el nivel de nitrógeno).

La palatabilidad es la suma de factores que determinan si el forraje es atractivo para el animal y en qué medida. Está influenciada por diversas variables como la edad y el tipo de animal, el estado de crecimiento y desarrollo del forraje, la disponibilidad de forraje alternativo y el manejo y grado de abonamiento de la pradera. Para varios investigadores la palatabilidad del forraje tiene mayor importancia que su valor nutritivo. Se ha demostrado frecuentemente que el bovino prefiere pastos nativos en comparación a variedades seleccionadas de

---

[77] Plantas en las que el proceso de fotosíntesis utiliza 4 carbonos en las reacciones bioquímicas de fijación del CO_2 atmosférico.

forraje porque en praderas naturales combina especies en una especie de "ensalada", pese al hecho de que el pasto nativo tenga menor productividad y, en algunos casos, menor valor nutritivo (McIlroy, R.J., 1975).

El valor nutritivo del forraje está determinado por su composición química y su digestibilidad. Una planta forrajera puede tener un buen valor nutritivo, pero ser de baja digestibilidad.

La capacidad de adaptación a los suelos y a las condiciones climáticas tiene importancia cuando se introducen especies foráneas de una pradera natural a otra. En las sabanas mal drenadas de Bolivia se han establecido en forma natural especies de otras latitudes y actualmente forman parte del inventario forrajero. Es el caso por ejemplo del pasto Bermuda (llamado "bremura" en el Beni) *Cynodon dactylon*.

Se han introducido también pastos que se cultivan en monocultivo, como es el caso de las *Brachiarias decumbens* y *humidicola*, muy utilizadas en áreas de desbosque aledañas a bajíos, que ya en la sabana inundable tienen parientes nativos como *Urochloa platyphylla,* que es una especie nativa de *Brachiaria* de las siete que existen y es sinónimo de *Brachiaria platyphylla.*

Es también llamativo el caso del pasto alemán, acuático, *Echinochloa polystachia*, o el pasto *Hemarthria altissima*, forrajeras naturalizadas ya instaladas en la región como si fueran nativas.

Una medida de la capacidad de adaptación es la ocurrencia masiva de determinadas especies debido a que cuentan con características muy adecuadas al medio. En la sabana mal drenada de los Llanos de Moxos es el caso de los géneros *Andropogon, Panicum y Paspalum* entre las gramíneas, el género *Aeschynomene* entre las leguminosas y los géneros *Cyperus* y *Eleocharis* entre las ciperáceas.

Además de estas cualidades enfocadas en el valor de las especies desde el punto de vista del forraje, las dos características más relevantes que deben cumplir las plantas forrajeras de la sabana inundable son su resistencia al fuego y al estrés por exceso de agua en el suelo. Se analizan más adelante los efectos del fuego.

En el caso de las cualidades de resistencia al anegamiento es necesario tomar en cuenta que las plantas tolerantes o resistentes no pueden colonizar terrenos inundados a no ser que tengan unas propiedades muy concretas para evitar la hipoxia[78] o las consecuencias tóxicas de la respiración anaeróbica. Estas propiedades muy concretas se expresan a través de una adaptación morfológica en forma de: a) raíces adventicias, b) a través del aerénquima[79] y c) otros mecanismos de tolerancia para situaciones de encharcamiento.

a) las raíces adventicias se forman rápidamente cuando las plantas están en estado de encharcamiento por encima del nivel del agua y penetran en el suelo inundado. Estas raíces están en contacto con el aire y pueden absorber oxígeno.

b) las plantas que pueden vivir en ambientes inundados necesitan igualmente oxígeno O2; no toleran la hipoxia, sino que la evitan gracias a la formación de un tejido especial llamado aerénquima, que es un tegumento parenquimatoso con grandes espacios intercelulares que se forman entre tallo y raíz y va progresando hacia el extremo de la raíz; permite a la planta absorber agua y trasladarla desde la parte aérea hasta la punta de la raíz a través del aerénquima. Incluso se ha verificado que pueden expulsar oxígeno por la raíz y así crear un ambiente más favorable para ésta evitando las condiciones de reducción.

c) otros mecanismos de tolerancia para situaciones de anegamiento consisten en adaptaciones metabólicas para que las plantas aguanten más días situaciones de hipoxia basadas en la reducción de la respiración anaeróbica, que es poco eficaz y produce sustancias tóxicas[80].

Las plantas de la sabana inundable que aparecen en el anexo 5 tienen mecanismos de adaptación al estrés por exceso de agua en el suelo basados en alguno de los sistemas antes descritos y especialmente a través del aerénquima.

Las asociaciones de especies forrajeras naturales

La diversidad de especies en la pradera natural está basada en su capacidad de asociación, por lo que es importante conocer los factores que influyen para que determinadas especies se asocien o coincidan juntas en un área

---

[78] Estrés de tipo secundario por exceso de agua en el sustrato. No se considera un estrés primario porque el agua no es tóxica, pero puede provocar un descenso del O2 en los espacios aéreos. Cuando el suelo está saturado de agua el aire de los poros del suelo es desplazado por ésta y el O2 disuelto es rápidamente absorbido por microorganismos y plantas.

[79] El aerénquima se encuentra típicamente en angiospermas acuáticas. Facilita la aireación de órganos que están en ambientes acuáticos o suelos anegados.

[80] La producción de metano, gas de efecto invernadero, es consecuencia de este proceso en las sabanas inundables.

determinada. Estos factores son: la fertilidad del suelo, la humedad del suelo, temperatura, luz y sombra, la forma y la época de crecimiento de la planta, la palatabilidad para el ganado, la incidencia de enfermedades y plagas y la competencia de "malezas" o plantas sin importancia forrajera.

El fuego influye considerablemente en las asociaciones de especies forrajeras debido a que puede ser muy destructivo sin un control adecuado. La utilización de fuego es la única forma práctica de eliminar pastos lignificados sobre-madurados carentes de utilidad, para dar paso a la producción de rebrotes nutritivos con las primeras lluvias.

Para la producción ganadera en pradera natural es de gran importancia la investigación en la formación de asociaciones de gramíneas y leguminosas que combinen características como las siguientes: acumulación de nitrógeno (leguminosas), cobertura rápida de suelos, que sean perennes, especies permanentes, especies de floración temprana y tardía. Se ha demostrado muchas veces el aumento de la productividad en gramíneas asociadas a leguminosas.

La propagación de leguminosas es muy importante para el enriquecimiento del suelo y el fortalecimiento general de la pradera. Las leguminosas son la única fuente de nitrógeno para el forraje natural por razones económicas y ecológicas. En la sabana inundable es notoria la predominancia de gramíneas y ciperáceas sobre leguminosas y no está claramente establecido si la propagación de éstas está afectada por el fuego.

El género más frecuente de leguminosas en las recolecciones efectuadas en el área ganadera de la sabana inundable tanto de los Llanos de Moxos como del Pantanal es *Aeschynomene* (corchillo), en el que la especie americana (pratensis) es muy resistente a la inundación y es usada como abono verde en otros países. También es frecuente el género *Desmodium* que es muy palatable y resistente a la sequía (Beck S.G., 1983). La propagación de estas y otras especies nativas deberá fomentarse a través de siembras vegetativas.

En las sabanas tropicales algunas asociaciones reportadas suelen ser las siguientes (McIlroy, R.J., 1975):

Stylosanthes guianensis ± Heteropogon contortus.

Pueraria phaseoloides ± Melinis minutiflora.

P. phaseoloides ± Pennisetum purpureum var. merker.

Stylosanthes guianensis ± Andropogon gayanus.

Estas especies son nativas y comunes en las regiones tropicales de todo el mundo, pero no en áreas de inundación, por lo que no han sido reportadas en la sabana mal drenada de los Llanos de Moxos ni del Pantanal. Sin embargo, para mantener cubiertos los suelos en semialturas y en sartenejales se podrían hacer asociaciones con forrajeras nativas de valor como las que se presentan en el cuadro 8.

El *Stylosanthes guianensis,* "estilosantes", es una leguminosa nativa; un arbusto de sistema radicular profundo que puede alcanzar alturas de hasta 1.5 metros. Se adapta bien a suelos ácidos, bien drenados y de baja fertilidad. Permanece verde durante la época seca por largo tiempo, tolera sequía, pero no humedad excesiva. En la zona del Bosque Seco Chiquitano algunas estancias siembran un estilosantes desarrollado en Brasil obtenido por el cruce de *Stylosanthes capitata* al 80% y *S. macrocephala* al 20%. Es utilizado para implementar bancos de proteína, para cubrir terrenos en barbecho, para eliminar malezas y/o para henificar. Su contenido de proteína varía entre 8 – 15% y su digestibilidad está entre 48 – 59%.

El pasto *Heteropogon contortus*[81] es muy común en orillas de carreteras y es pariente de pastos nativos de la sabana inundable como el *Andropogon bicornis,* "cola de ciervo", el *A. leucostachyus,* "paja carona" y *A. selloanus,* "cola de caballo". Por su valor forrajero de regular a bueno cuando está tierno (cuando madura se vuelve maleza por su naturaleza áspera e inflorescencia repelente), podrían asociarse estos pastos nativos con estilosantes. De hecho, la lista sugerida más arriba incluye una asociación entre el estilosantes y un pasto similar al *Heteropogon contortus* como es el *Andropogon gayanus.*

El Andropogon gayanus es también perenne como el estilosantes y se adapta bien a suelos de baja fertilidad y ácidos. Es productivo bajo sombra y tolerante

---

[81] Sinónimo de a *Andropogon contortum* según McVaugh (1983).

al salivazo[82]. Por su alta producción de forraje se puede ensilar y henificar y también usar como fuente de alimento para época seca. Su contenido de proteína varía entre 6 – 12% y su digestibilidad está entre 55 – 60%.

Pueraria phaseoloides es el kudzu cuyo gran valor para zonas inundables tropicales es que se puede establecer en suelos ácidos, tiene gran tolerancia a la sombra y soporta tanto la sequía como el encharcamiento. En las ganaderías de la sabana inundable se recomienda hacer pruebas de asociación entre esta leguminosa y forrajeras gramíneas nativas como las que se destacan en el cuadro 8. Requiere suelos de mediana fertilidad y no resiste sobrepastoreo en suelos pobremente drenados. El kudzu es utilizado principalmente en bancos de proteína y pastoreo controlado. También se puede utilizar como abono verde para mejorar la fertilidad y estructura de suelos y aprovechar su capacidad de fijar nitrógeno, lo que disminuye los costos de fertilización. Se puede henificar; su contenido de proteína cruda oscila entre 18 – 22% y tiene una digestibilidad entre 55 – 60%.

El *Melinis minutiflora* o "pasto gordura" se puede establecer en suelos pobres asociado al kudzu para pastoreo, corte, ensilaje y/o heno. Cubre el terreno densamente y produce una alta cantidad de semilla viable.

El kudzu también suele asociarse con el "merkerón" *Pennisetum purpureum* var. merker que por sus características de alta producción se puede utilizar para corte, pastoreo directo y ensilaje o henificación.

Fertilización, siembra y propagación en la pradera natural

La pradera natural no suele ser fertilizada y eso provoca que sea poco productiva en relación a los forrajes introducidos en los cuales se cuida más la fertilización a través de abonos orgánicos o químicos. El suelo del forraje natural debería ser adecuadamente manejado y tratado como si fuera para forraje cultivado con el fin de lograr una mayor productividad.

Las deyecciones del ganado en pastoreo controlado son una fuente de fertilización dado que 100 cabezas en una hectárea evacúan aprox. 4.300 Kg de deyecciones por día. En un potrero al que acceden 8 veces por año evacúan 34.400 Kg. En 10 años significan 344 ton/ha entre estiércol y orina. Esto

---

[82] Insecto (*Deois flavopicta*) también llamado cigarrita, mión o salivazo de los pastos, que causa daños a cultivos de gramíneas.

contribuye al fortalecimiento del conjunto de seres vivos que habitan en el suelo (biocenosis) entre los que se encuentran insectos y microorganismos que degradan el nitrógeno del estiércol y la orina y lombrices que procesan cada día un peso de suelo igual al peso de su cuerpo.

Las deyecciones también contribuyen a la protección del suelo ya que cada evacuación de una res de 500 Kg de peso (que defeca 12 a 30 veces por día) cubre un círculo de unos 25 cm de suelo que equivale a 0,6 a 1,5 m2. En un año se cubre una superficie de 219 a 548 m2 de suelo con estiércol

Otras formas de contribuir a la fertilización del suelo son: la limpieza de malezas y matorrales, la combinación con leguminosas, la reducción del uso de fuego y la resiembra para la recuperación de la pradera natural. Se han hecho trabajos de recuperación de praderas aplicando estas prácticas en predios de la Universidad Autónoma del Beni con resultados alentadores (Arce K., 2020).

También se han hecho demostraciones del mejoramiento del rendimiento en Materia Seca de forrajes nativos con la aplicación de dolomita (cal dolomítica: carbonato de calcio + carbonato de magnesio) que corrigieron la acidez de un pH inicial de 5,4 a pH 5,6 y 5,8 (Rodríguez F., 1997).

La deficiencia de nitrógeno afecta a las gramíneas forrajeras pero su incorporación a través de fertilizante químico puede no ser recomendable por razones económicas y ambientales. Se ha podido comprobar en regiones como la Chiquitanía (Santa Cruz) que el forraje cultivado se hace *urea dependiente* debido a sus buenos resultados, lo que induce a dejar de probar y usar recursos del mismo predio para su fertilización, como el manejo del ganado para la adecuada distribución de sus deyecciones y el conocimiento y propagación de leguminosas locales. El forraje natural también puede hacerse excesivamente dependiente del uso de urea (GIZ-AKUT, 2022). Las especies forrajeras leguminosas son una buena fuente de nitrógeno si se propagan adecuadamente, se asocian con gramíneas y se protegen del fuego descontrolado, como se vio más arriba.

Otro riesgo con el uso continuado de urea es que, en el mediano plazo, puede producir una disminución de pH y esta acidificación representa una pérdida de bases de suelo (calcio, magnesio, potasio y sodio) o sea, un empobrecimiento real (Fernández del Pozo M., 1984). La fertilización nitrogenada provoca la emisión de óxido nitroso (óxido de nitrógeno N2O) que es un gas que contribuye al efecto invernadero y afecta a la capa de ozono. En un enfoque de reducción de Gases de Efecto Invernadero a través de la captación de carbono por la pastura y del mejoramiento de la alimentación del ganado para reducir emisiones de metano, debe tratar de evitarse la emisión de este gas.

Al ser las leguminosas menos resistentes al fuego que las gramíneas, la quema sin control ocasiona daños en la pradera al inhibir su propagación, eliminando fuentes de nitrógeno que son muy necesarias para las especies de gramíneas. Como ya se explicó, se pueden utilizar leguminosas resistentes al encharcamiento y en semialturas (como el kudzu, el estilosantes, la mucuna y otros) para fertilizar los suelos.

En la Universidad Autónoma del Beni se han hecho estudios de control de malezas y fertilización utilizando leguminosas como "mucuna ceniza" (*Stizolobium niveum*), frejol del puerco (*Canavalia ensiformis*) y frejol perla carioca (*Phaseolus vulgaris*), con buenos resultados (Mariaca I., 2007). La empresa universitaria Semillas Forrajeras (SEFO-SAM) produce en Santa Cruz semilla de éstas y otras leguminosas para coberturas y abonos verdes.

Hace algunos años se consideraba que la utilización de fertilizante comercial como fuente de nitrógeno no incorporaba en los gastos los "costos ocultos" que tiene el uso de fertilizantes en la degradación de los suelos (McIlroy, R.J., 1975). Sin embargo, ahora se sabe que los fertilizantes nitrogenados como la urea deben ser adecuadamente utilizados para no ocasionar degradaciones de suelos y no se han demostrado efectos colaterales de su uso sobre los suelos fuera de los anotados más arriba.

La pradera natural puede tener deficiencias de fósforo y potasio. La deficiencia de fósforo afecta al desarrollo de las especies leguminosas y la única forma natural significativa de incorporarla al suelo es a través de la distribución de estiércol en la pradera combinada con un pastoreo más eficiente. Existen menos deficiencias de potasio en praderas pastoreadas debido a que el ganado ejerce una buena reposición a través de la orina (McIlroy, R.J., 1975).

El ganado de la sabana tiene severas deficiencias de sales minerales que el manejo apropiado del pastoreo podría reducir ya que existen especies forrajeras cuyo aporte en algunos minerales les da un valor particular. Es el caso de la cañuela morada (*Hymenachne amplexicaulis*) que es una importante fuente de cloro (1,53 % de la materia seca), azufre (0,43 % de la materia seca) y potasio (3,39 % de la materia seca) (Peñuela L. et al., 2011).

Ganadería ecológica en las sabanas inundables de Bolivia

La concentración de minerales suele ser deficiente en los forrajes nativos para cubrir los requerimientos de los animales, particularmente en la etapa de cría, siendo el déficit variable según la época del año (Peñuela L. et al., 2011). Fósforo, potasio, calcio y cobre suelen ser deficientes y debe observarse el contenido de estos minerales en los forrajes al aplicar sistemas de pastoreo controlado en sabanas inundables para evitar la necesidad de suplementarlos en los animales.

Se presenta a continuación el porcentaje de minerales en forrajes nativos, diferenciando gramíneas de leguminosas, en estudios de sabana inundable de Venezuela.

Cuadro 7. Contenido de minerales en gramíneas y leguminosas nativas

Valor reportado (%)	Gramíneas	Leguminosas
Proteína cruda	6,4 - 9,9	11,0 -19,0
Fósforo	0,08 - 0,27	0,17 - 0,35
Potasio	0,56 - 1,12	0,70 - 1,44
Calcio	0,09 - 0,40	0,63 - 1,60
Magnesio	0,09 - 0,17	0,21 - 0,25
Azufre	0,07 - 0,25	0,13 - 0,19
Cobre (ppm)	2,0 - 8,0	7,0 - 9,0
Hierro (ppm)	108 - 128	136 - 175
Manganeso (ppm)	121 - 194	163 - 212
Zinc (ppm)	27 - 47	43 - 48
Digestibilidad	32,9 - 53,7	54 - 58,9

Fuente: Torres et. al., 2003.

En algunas sabanas húmedas de África se resiembra las especies forrajeras naturales ya sea recolectando semilla o por métodos vegetativos. Se utilizan también los mismos animales como medios de distribución de semilla de gramíneas y leguminosas mezclando ésta con harinas de sorgo. El animal siembra la semilla al evacuar estiércol (McIlroy, R.J., 1975).

Por su adecuada palatabilidad, productividad y buen contenido nutricional, se han registrado especies nativas en la sabana inundable de Bolivia que podrían propagarse utilizando semillas o vegetativamente a través de estolones para repoblar los campos de pastoreo.

Se presenta a continuación una lista de estas especies:

Cuadro 8. Especies nativas de valor para ser propagadas en la sabana inundable

NOMBRE CIENTÍFICO	NOMBRE COMÚN	PALATABILIDAD	TOLERANCIA A INUNDACIÓN	TOLERANCIA A SEQUÍA	COMUNIDADES VEGETALES	CARACTERÍSTICAS
Acroceras zizanioides	Cañuela morada	Mediana a alta	Buena	Buena	Sabanas húmedas, bajíos, lugares sombreados, borde de bosques.	Forrajera durante todo el año. Se propaga por semillas y a través de trozos de tallos enraizados.
Axonopus compressus	Pasto alfombra	Alta	Baja	Buena	Alturas y sitios alterados. Crece espontáneamente en lugares de pisoteo que no se inundan. También en el Pantanal.	Forrajera natural y cultivada muy apreciada por el ganado. Se propaga por semillas y por estolones.
Cynodon dactylon	Pasto Bermuda llamado localmente "bremura"	Mediana a alta para el ganado vacuno. Muy palatable para equinos.	Regular	Buena	Semialturas de sabanas, sitios alterados, sendas. Algunos autores consideran que es una planta introducida y naturalizada. También en el Pantanal.	Estabiliza el suelo al crecer fácilmente en promontorios y bordes de tierras removidas. Se propaga por rizomas y estolones. Con 14,34% de proteína.
Echinochloa polystachya	Pasto alemán también llamado cañuela morada	Mediana a alta	Buena	Regular	Riberas de ríos y bordes de lagunas. Forma pajonales en los bajíos.	Forrajera natural y cultivada. Se propaga por semillas y por estolones. Se suele implantar en potreros inundables reemplazando a forrajeras nativas.
Eriochloa punctata	Arrocillo	Alta	Buena	Buena	Crece en terrenos húmedos y depresiones con agua estancada. Poco exigente en nutrientes del suelo; no resiste la sombra. También en el Pantanal llamado "yaraguá".	Se diferencia poco del arrocillo tradicional de los Llanos de Moxos que es *Leersia hexandra*. Al parecer es forrajera naturalmente introducida desde el Brasil. Se propaga por estolones.
Hemarthria altissima	Pasto clavel	Alta Muy apreciada por el ganado	Buena	Buena	Brota en bajíos muy húmedos formando un césped flotante en riberas de ríos y lagunas.	Forrajera naturalizada poco común considerada también cultivada porque está propagada por el hombre. Se disemina por semillas y estolones.

Ganadería ecológica en las sabanas inundables de Bolivia

NOMBRE CIENTÍFICO	NOMBRE COMÚN	PALATABILIDAD	TOLERANCIA A INUNDACIÓN	TOLERANCIA A SEQUÍA	COMUNIDADES VEGETALES	CARACTERÍSTICAS
Hymenachne amplexicaulis	Cañuela morada	Alta	Buena	Regular	Crece en pantanos, bajíos y bordes de lagunas y ríos. Forma densos pajonales flotantes. También en el Pantanal llamada "cañuela de agua".	Se propaga por semillas y a través de trozos de tallos enraizados. Con 17,91% de proteína. Fuente de cloro, azufre y potasio.
Leersia hexandra	Arrocillo	Alta	Buena. Es una planta acuática.	Regular	Sabanas húmedas, bajíos y pantanos. Aumenta de tamaño cuando sube el nivel del agua. Forma manchones. También en el Pantanal.	De todos los pastos llamados "arrocillos" en los Llanos de Moxos este es el típico por ser el de mayor distribución. Es el más delgado y pequeño. Se propaga por semillas y rizomas. Con 11,51% de proteína.
Luziola peruviana	Cañuela blanca	Alta	Buena. Es una planta acuática.	Regular	Agua estancada de pantanos, bajíos y bordes de lagunas. Aumenta de tamaño cuando sube el nivel del agua. Forma extensos colchones flotantes.	Muy apetecida por el ganado. Se propaga por semillas y por estolones.
Luziola subintegra	Arrocillo	Alta	Buena. Es una planta acuática.	Regular	Agua estancada de pantanos, bajíos y bordes de lagunas. Forma extensos colchones flotantes.	Se propaga por semillas y por estolones. Es más grande y robusta que *Luziola peruviana*.
Paspalum acuminatum	Comes bebe	Alta	Buena. Es una planta acuática.	Regular	Especie rara que crece en aguas eutróficas estancadas, canales de desagüe y cañadas.	Muy apetecida por el ganado. Confundida con *Paspalum pallens* que tiene cañas más delgadas. Se propaga por estolones rastreros y semillas.
Paspalum plicatulum	Gramalote	Alta	Buena	Buena	Crece formando un césped alto uniforme y en matas aisladas en sabanas húmedas y bajíos. También en el Pantanal.	Existen variedades cultivadas mejoradas a través de pastoreo rotacional. Se propaga por estolones rastreros y semillas. Con 8,59% de proteína.
Urochloa platyphylla		Mediana a alta	Buena	Regular	Crece en semialturas, borde de bajíos y suelos lodosos.	Es una especie nativa de *Brachiaria* de las siete que existen. Es sinónimo de *Brachiaria platyphylla*. Es planta anual que se propaga por semillas.

Echinodorus paniculatus (Alismatácea)	Platanillo	Alto	Buena	Regular	En campos con suelos estacionalmente inundados y mal drenados. Sólo en el Pantanal.	Se desarrolla sobre sitios anegados o húmedos, es frecuente y dominante, resistente al pisoteo. Con 16,72% de proteína.

El fortalecimiento de la pradera natural a través del pastoreo

El pastoreo controlado es una forma de mantener la producción de forraje de buena calidad durante el mayor tiempo posible. Permite además mantener un equilibrio entre las especies forrajeras y reducir el efecto de los endoparásitos en los animales, que en las sabanas tropicales son un serio problema, para lograr una buena ganancia de peso en el ganado.

Como ya se ha mencionado, el reducido control del ganado en un sistema de pastoreo continuo es perjudicial para la sabana debido a que conduce al sobrepastoreo durante la época seca o a la subutilización de la pradera en la época de lluvias. Por estas razones es importante aplicar un pastoreo controlado administrando los campos naturales según la época, reduciendo o aumentando el hato. Estas prácticas influyen significativamente en la composición botánica de la pradera y pueden ocasionar la desaparición o el fortalecimiento de especies útiles. La reducida ocurrencia de especies leguminosas, por ejemplo, puede deberse al sobrepastoreo.

Diversas experiencias (McIlroy, R.J., 1975) indican que la forma adecuada de mantener la pradera natural es a través del control del pastoreo en conjunción con el uso apropiado, mínimo, del fuego. La difusión de estas prácticas redunda en un aumento en la producción y en la diversidad y vigor de la pradera natural.

El pastoreo continuo que todavía se practica en la mayor parte de la sabana inundable es característico de ausencia de manejo y es la causa principal de la degradación de pasturas y del abuso del uso del fuego. Una buena forma de reducir al mínimo el uso del fuego, cuyos efectos se analizan más abajo, es utilizar métodos más amigables con la naturaleza que evitan el desperdicio de forraje que al no ser consumido posteriormente se lignifica y debe ser segado o quemado. Es por eso que no sólo es posible evitar la degradación de la pastura a través del manejo adecuado de la relación del animal con el pasto y de éste con el suelo, sino incluso su fortalecimiento. Para ello es necesario abandonar las prácticas tradicionales de pastoreo que hasta ahora sólo han

Ganadería ecológica en las sabanas inundables de Bolivia

ocasionado un deterioro de la biodiversidad de la pradera y aplicar prácticas de pastoreo controlado.

Se han hecho estudios para determinar el efecto de las diferentes intensidades de pastoreo sobre la diversidad florística en praderas nativas inundables de la sabana (Polanco E., 1997), pero es necesario investigar más el tema tanto en los Llanos de Moxos como en el Pantanal.

El control de especies no forrajeras

La invasión de especies no forrajeras resulta perjudicial para el aprovechamiento de la pradera natural y es el resultado de una mala utilización del fuego o de la deficiente asignación de la carga animal.

El control de especies no forrajeras se basa en la observación de la pradera y se efectúa a través de pastoreos controlados. Existen especies cuya proliferación es signo de una carga animal inapropiada como el "tararaqui" (*Ipomoea carnea*) o la "sensitiva" (*Mimosa pigra*) entre otras.

En el anexo 5 se presenta una lista de plantas no forrajeras comunes en la sabana inundable que son importantes para el ecosistema por ser indicadoras de diversos procesos bióticos, de características edáficas o por ser refugio de avifauna. A diferencia de esas especies, en el cuadro 9 se presentan algunas de las plantas herbáceas invasoras más comunes en la región que deben ser controladas evitando el uso de herbicidas, a través de prácticas culturales como la rotación de campos y la regulación de la carga animal y de prácticas preventivas y controles físicos combinados, como el segado y la quema adecuadamente manejada.

Cuadro 9. Plantas herbáceas no forrajeras invasoras

Nombre científico	Nombre común
Amaranthus retroflexus	Chiori
Gomphrena boliviana	Hierba de pollo, gomfrena
Callotropis procera	Lechosa
Eupatorium squalidum	Mata pasto
Parthenium hysterophorus	Chupurujume

Fuente: elaboración propia en base a Unterladstaetter R., 2005.

Ganadería ecológica en las sabanas inundables de Bolivia

Otras especies se convierten en arbustos de gran porte que infestan la pradera natural e incluso dificultan el arreo de ganado al convertirse en bosques de baja altura. Cuando estas plantas crecen al no haberse aplicado a su debido tiempo prácticas culturales y/o preventivas de control, la única forma que queda para erradicarlas sin utilizar herbicidas es el control físico combinado segando y quemando, utilizando con precaución el fuego. Esta es una labor larga y tediosa que debe repetirse periódicamente y que sólo es posible en lugares en los que hay disponibilidad de mano de obra. En el cuadro 10 se presentan algunas de las especies más conocidas.

Cuadro 10. Plantas leñosas invasoras

Nombre científico	Nombre común
Bauhinia forticata	Pata de vaca
Senna hirsuta	Mamuri grande
Psidium guineense	Guayabilla
Celtis spinosa	Chichapí
Tessaria integrifolia	Parajobobo
Combretum fructicosum	Palo bejuco
Curatella americana	Chaaco
Pterogyne nitens	Ajunau
Machaerium hirtum	Tusequi

Fuente: elaboración propia en base a Unterladstaetter R., 2005.

Para el control de especies no forrajeras se debe tratar de aplicar prácticas preventivas como la de evitar que el ganado de otras zonas sea trasladado directamente a nuevos campos de pastoreo natural ya que traslada semillas de especies no forrajeras en el sistema digestivo. Por eso debe atenderse a que el ganado ayune en el lugar de origen el tiempo necesario para la evacuación de sólidos y su tracto digestivo llegue vacío a los nuevos potreros. Otro elemento transportador de semillas de especies no forrajeras es el aserrín usado como piso para el ganado en los camiones de transporte; debe atenderse a que éste no sea echado en los campos de destino.

El segado y la quema adecuadamente manejada son una combinación adecuada para casos de plantas no forrajeras de difícil erradicación, pero debe tenerse en cuenta que el fuego promueve una regeneración agresiva de malezas dicotiledóneas con raíz pivotante y profunda, comparada con plantas de raíz adventicia o superficial como las de las gramíneas, que se regeneran más lentamente después de la quema.

El uso del fuego en la sabana tropical

El uso del fuego a través de la quema de pastizales es una práctica muy controvertida por los daños que puede ocasionar y en la medida en que una pradera es racionalmente manejada su uso se reduce considerablemente. Es una herramienta económica pero peligrosa en el manejo extensivo de las sabanas inundables. En la actualidad el uso del fuego en la región es en general muy deficiente y descontrolado y su mala utilización es una prueba definitiva de la ausencia casi total de manejo de las praderas. Sin embargo, usado en forma racional y controlada, el fuego puede tener los siguientes efectos positivos:

- Elimina las áreas lignificadas de los vegetales para promover el rebrote con mejor valor nutritivo ya que la ceniza resultante es una fuente de minerales para el suelo y para los animales cuando la consumen directamente.
- Controla la vegetación no forrajera y leñosa en áreas altas y de semialtura.
- Mejora la vegetación de pantanos.
- Controla víboras y ectoparásitos como garrapatas y tábanos.

La quema debe hacerse antes de las primeras lluvias y no cuando la probabilidad de éstas es todavía lejana, para facilitar el rebrote de pastos en suelos húmedos. No debe ser muy intensa en suelos muy bajos en los que prosperan pastos más sensibles como el arrocillo (*Leersia hexandra*) o la cañuela morada (*Hymenachne amplexicaulis*). La vegetación de áreas pantanosas se quema sólo cuando la sequía es muy severa.

La quema intensa y descontrolada lesiona gramíneas forrajeras dando lugar a especies arbustivas no palatables que reemplazan la vegetación de la pradera. Es poco conocido todavía el efecto del fuego sobre la diversidad de la pradera natural (Tamo G., 1997). Es probable que la reducción o desaparición de especies leguminosas se deba al uso excesivo del fuego.

Ganadería ecológica en las sabanas inundables de Bolivia

El fuego se controla a través de contrafogueos previamente organizados y debe tenerse en cuenta que se pueden producir incendios a través de tormentas eléctricas, amenaza que aumenta sobre todo en áreas donde la cobertura vegetal es de tipo herbácea, especialmente en los períodos secos.

La adaptación de la vegetación al fuego está basada en los bancos vegetativos (estrategia resistente) y en los bancos de semillas (estrategia resiliente). Los bancos vegetativos son las adaptaciones que permiten a las especies sobrevivir a través de una regeneración vegetativa mediante órganos de la planta, generalmente subterráneos, que no son dañados por el fuego. Los bancos de semilla, en otras especies en las que los individuos adultos mueren por acción del incendio, son los que permiten la recuperación de la población vegetal a través de las semillas acumuladas en vuelo (banco aéreo) o en el suelo (banco edáfico) (Castillo E.A., 2009). En las especies nativas que aparecen en el anexo 5 se especifica la forma de reproducción que suele ser una combinación de mecanismos vegetativos y sexuales a través de estolones, rizomas o semillas.

Otras adaptaciones que presentan algunas plantas y que deben observarse en las especies nativas más frecuentes de la sabana inundada son: el espesor de la corteza que dificulta la penetración de calor hacia el cámbium[83]; la reducida inflamabilidad en especies con follaje suculento y con baja producción de resinas; la capacidad de brotar a través de yemas adventicias del fuste o de las raíces; la floración y fructificación precoz con rápido crecimiento inicial (Castillo E.A., 2009).

El fuego tiene un papel importante en la modificación de las estructuras vegetales, dependiendo su impacto de la adaptación de las especies a las quemas. Existen especies cuya reproducción está incluso condicionada en gran parte a procesos cíclicos de fuego (como por ejemplo las coníferas o el guapá[84]) y esto merece un estudio más exhaustivo para las especies de la sabana inundada. Los niveles de recuperación de los ecosistemas varían en tiempo. Los menos complejos como las praderas naturales recuperan su estructura de una temporada a otra, lapso mucho más corto que el que toma la recuperación de bosques (Castillo E.A., 2009).

El fuego provoca cambios en el suelo en sus propiedades físicas (en la textura, que es particularmente importante en la sabana inundada), químicas

---

[83] Zona generatriz integrada por células meristemáticas situada entre el leño y el líber que produce leño hacia la parte interna y líber hacia el exterior. Al cámbium se debe principalmente el crecimiento de los tallos y raíces en espesor (Font P., 2001).

[84] Bambusales del género *Guadua* abundantes en el trópico de Bolivia.

(alterando los ciclos de nutrientes minerales y volatilizando el nitrógeno empobreciendo el suelo) y biológicas (eliminando la materia orgánica). La erosión parece ser el efecto más grave relacionado con las quemas. Al arder la vegetación y la materia orgánica que forman la capa protectora del suelo, éste queda expuesto, dado que las partículas finas dispersadas cuando llueve tapan los poros del suelo disminuyendo la tasa de infiltración y aumentando el escurrimiento superficial. Este proceso arrastra partículas en suspensión y otros materiales hacia corrientes cercanas y lagos, afectando la calidad del agua y colmatando cauces. Las partículas y cenizas en suspensión que contaminan el agua suelen ocasionar grandes mortandades de peces en las cañadas y ríos de la sabana inundada. Los materiales arrastrados colmatan además los fondos de cañadas, ríos y lagos.

El fuego en la sabana también tiene efecto sobre la calidad del aire. Las principales emisiones durante la combustión son de dióxido de carbono (CO2), monóxido de carbono (CO), metano (CH4), óxidos de nitrógeno, amoníaco (NH4), ozono (O3) y partículas sólidas. Los efectos negativos de estos gases son diversos y los que contribuyen al calentamiento global son principalmente el dióxido de carbono y el metano (Castillo E.A., 2009). Las partículas sólidas (humo, hollín) producen problemas respiratorios entre la población de establecimientos ganaderos y ciudades de la sabana inundada tanto en los Llanos de Moxos como en el Pantanal y reducen de tal manera la visibilidad que en el mes de mayor intensidad de quemas (septiembre) obligan a suspender el transporte aéreo.

Según los estudios llevados a cabo en sabanas tropicales (inundables y no inundables) de Colombia sobre la quema y la sucesión secundaria de la vegetación (Rippstein G. et. al., 2001), después de 4 años de reposo (sin quemas) se diferencia un estrato subarbustivo; después de más de 8 años sin quema aparecen los estratos arbustivos y sub arbóreos; posteriormente con ausencia de quemas de 15 años aparecen especies propias del bosque de galería.

En suelos bien drenados la ausencia de quemas da lugar a vegetación arbustiva y arbórea que en suelos mal drenados no prosperan por la reducción de oxígeno debida al anegamiento. Por lo tanto, en la sabana inundada la persistencia de especies herbáceas está condicionada tanto por prácticas de quemas como por limitaciones edáficas. Ambos factores más el pastoreo con distintas cargas animales afectan de manera diferente la presencia y la dinámica de las especies botánicas. Se estima que la quema de sabanas tropicales destruye tres veces más materia seca por año que la de selvas tropicales.

La gran mayoría de la quema a nivel mundial es iniciada por humanos y los fuegos naturales, causados por los rayos, solamente originan un pequeño porcentaje del total. Si el ecosistema quemado regenera por completo, como tienden a hacerlo las sabanas bajo circunstancias favorables, el dióxido de carbono es removido eventualmente de la atmósfera a través de la fotosíntesis e incorporado de nuevo en el crecimiento vegetativo. Sin embargo, si se evita la regeneración - como por ejemplo con el pastoreo y ramoneo excesivo del material en crecimiento, el dióxido de carbono no se reincorpora ni a la vegetación ni al suelo. Pese a lo anterior, otras emisiones gaseosas permanecen en la atmósfera (Environmental Science and Technology, 1995).

En general, la quema continuada durante varios años resulta en la reducción a largo plazo de niveles de biodiversidad, aunque existan comunidades vegetales que dependan del fuego para su supervivencia. Algunas consideraciones importantes a tener en cuenta son la frecuencia de las quemas (por ejemplo, si son anuales) y el estado de la vegetación (en cuanto a lo seca que puede estar). Los fuegos que se producen muy tarde en una estación seca son más calientes y más destructivos que los fuegos que se presentan más temprano cuando la vegetación aún tiene humedad residual (Environmental Science and Technology, 1995).

El valor nutritivo del forraje natural

En general, las especies forrajeras tropicales tienen un reducido contenido de proteína y un alto contenido de fibra al ser comparadas con especies de la zona templada cortadas en similar estado de crecimiento. El rendimiento de Materia Seca de las especies tropicales supera considerablemente el de las especies de zona templada. Una planta forrajera de la zona templada tiene un 22 % de proteína cruda y 17 % de fibra cruda como composición química media en 20 % de materia seca. En comparación, una especie forrajera tropical como la del género *Andropogon* (uno de los pastos llamados "cola de ciervo"), contiene un valor medio de 7,6 % de proteína cruda y 31 % de fibra cruda (McIlroy, R.J., 1975).

Sin embargo, lo que debe compararse son las especies forrajeras tropicales entre sí y no con especies de zonas templadas. Comparando forrajeras nativas con introducidas se comprueba en general que los pastos nativos tienen mayor valor nutritivo pero menor productividad que los introducidos. Esto sugiere que el mejoramiento del manejo, fertilización y control de malezas y fuego en pastos nativos puede derivar en significativos aumentos de productividad en Materia Seca por hectárea (Arce K., 2020).

La reducida utilización de la pradera natural como forraje se ha debido tradicionalmente a su bajo valor nutritivo comparado con especies de zonas templadas y a su baja productividad comparado con especies de trópico. Las introducciones de diversas especies forrajeras a las sabanas tropicales han tenido el objetivo de mejorar el valor nutritivo y la productividad, aunque descuidando los sistemas de pastoreo, la diversidad biológica y desaprovechando pastos nativos que bajo determinadas condiciones de manejo y asociación son una valiosa fuente nutritiva al combinar el valor nutritivo y grado de consumo (ver figura 6).

El valor nutritivo y la digestibilidad de los forrajes dependen de un balance apropiado del contenido de carbohidratos solubles y nitrógeno. La composición química no expresa por sí misma el valor nutritivo del forraje sino el grado de aceptación del ganado a través de ensayos. El resultado positivo de ensayos de aceptación por el ganado debe relacionarse con los análisis químicos del forraje (McIlroy, R.J., 1975).

El valor nutritivo de una planta forrajera está influenciado por la relación hoja/tallo, por el estado de crecimiento al ser pastoreada o segada, por la fertilidad y el abonado del suelo y por condiciones climáticas. Por lo general las leguminosas son más ricas que las gramíneas en contenido de nitrógeno, fósforo y calcio.

La calidad de los pastos por su efecto en la producción se resume en su valor nutritivo y el grado de consumo por el animal. Los factores que influyen en estos dos aspectos se resumen en la figura 6.

Figura 6. Efecto combinado de valor nutritivo y grado de consumo

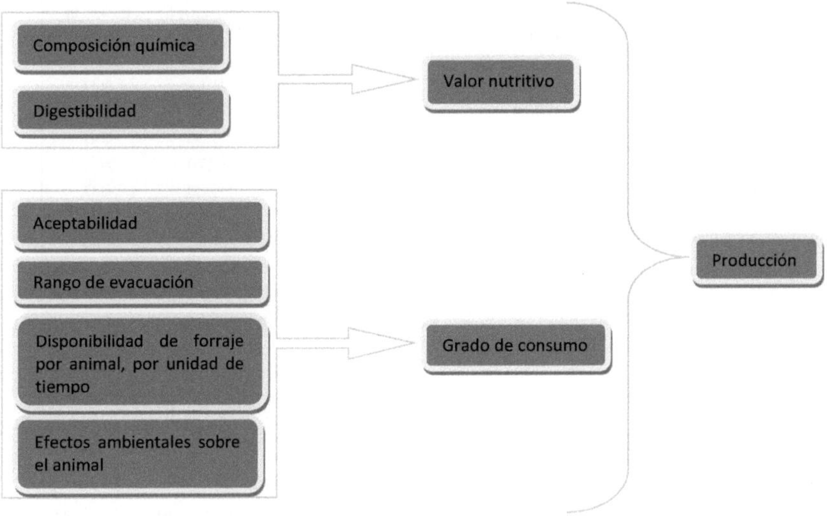

Fuente: elaboración propia basada en esquema de McIlroy, R.J., 1975.

Composición de nutrientes de forrajeras nativas

El siguiente cuadro muestra los datos de algunos de los pastos nativos más palatables y demuestran la diversidad de la oferta forrajera para el ganado que consume una "ensalada" diversificada. Esta oferta está asociada a los diferentes ecosistemas en los que el ganado se moviliza en función a la dinámica natural de las subidas y bajadas de agua a través del año (Peñuela L. et al., 2011).

Cuadro 11. Composición de nutrientes de forrajeras nativas

Pasto natural	Proteína %	Cenizas %	Extracto etéreo %	Fibra cruda %	Biomasa (ton MS/ha)
Andropogon bicornis	3,28	6,75	1,57	21,82	N.D
Axonopus sp.	13,64	12,50	1,08	12,97	N.D
Cynodon dactylon	14,34	10,45	1,22	13,66	N.D
Desmodium barbatum	12,21	5,49	1,75	21,70	N.D
Desmodium sp.	12,03	8,09	2,98	18,00	N.D
Hymenachne amplexicaulis	17,26	12,34	1,81	8,32	24,68
Leersia hexandra	9,48	12,95	2,09	17,88	4,08
Paspalum conjugatum	11,92	11,73	1,13	9,58	N.D
Vigna sp.	9,92	7,37	1,88	18,35	N.D

Fuente: Mejía Aldana A. M., 2001; Mora Barney A.I., 2011. Análisis realizados en el laboratorio de nutrición de la Universidad de los Llanos, Colombia.

En el cuadro se muestra que varias especies superan el 9% de proteína y una alcanza hasta el 17,26%. Si bien esto es muy variable según la época del año, en general se puede afirmar que son parámetros difíciles de alcanzar por especies introducidas que además de requerir un esfuerzo fisiológico para adaptarse a las condiciones de la sabana inundable, enfrentan permanentemente la invasión de especies nativas.

El cuadro anterior muestra el alto valor nutritivo de los pastos nativos, pero su rendimiento en Materia Seca es menor comparado con el de braquiarias, como se comprobó en estudios de la Facultad de Agronomía de la Universidad Autónoma del Beni como los de Yépez D. e Hinojosa A. (2009), Molina A. (2010) y Melgar J.L. (2012).

Esto ha sido corroborado por trabajos realizados en San Ramón, San Joaquín y en Trinidad (Cuadros 12 y 13) por el Centro Nacional de Mejoramiento de Ganado Bovino (CNMGB) en los años 2003 y 2005, por lo que se puede afirmar que la calidad (valor nutritivo) de los pastos nativos es similar y en algunos casos superior a los pastos introducidos o cultivados, en especial a las especies del género *Brachiaria*. Sin embargo, la cantidad producida en base seca por hectárea por año en los pastos nativos es 3 a 4 veces menor que los pastos introducidos, de ahí su menor capacidad de carga: 0.3 a 0.5 UA/ha/año frente a 1.0 a 1.3 UA/ha/año en pastos cultivados o introducidos (Montaño C., 2014).

De acuerdo a estudios del CNMGB en la provincia Mamoré, la producción anual de la pradera nativa, en 3 diferentes unidades de paisaje, es de alrededor de 4,600 kg MS/ha/año. Los rendimientos totales de la pradera nativa en la provincia Mamoré no son muy bajos cuando son comparados con los rendimientos de los potreros con pastos introducidos o cultivados (*Brachiaria*, principalmente), pero se debe considerar que no todo el pasto que produce la pradera nativa va a ser consumido por el ganado, ya que tiene preferencia por algunos pastos en sistemas de pastoreo continuo. Por tal motivo, para calcular la capacidad de carga animal se debe tomar en cuenta solo la producción de los pastos en sistemas de pastoreo controlado en los que se verifica el consumo total del forraje nativo (Montaño C., 2014).

Cuadro 12. Valor nutritivo de pastos nativos palatables

Especies nativas	MS (t/ha/año)	NDT (%)	PB (%)	FB (%)	CC (%)
Leersia hexandra (arrocillo)	4.5	60.1	13.1	28.6	11.6
Leguminosas	1.7	61.9	17.2	33.3	7.1
Paspalum virgatum (paja toruna)	8.0	55.0	7.9	35.3	7.3
Cyperaceas	1.3	58.7	11.4	29.7	9.9
Otros gramíneas	7.4	56.9	9.2	29.9	7.7

Fuente: CNMGB - Beni (2005).

Producción de materia seca (MS); Nutrientes Digestibles Totales (NDT); Proteína Bruta (PB), Fibra Bruta (FB) y Ceniza (CC).

Cuadro 13. Valor nutritivo de pastos nativos palatables comparado con *Brachiarias*[85]

Gramíneas forrajeras	Contenido en % en base seca (a 105 °C)			NDT (%)	Macroelementos (%)					Microelementos (mg/kg)			
	Proteína cruda	Fibra cruda	Ceniza cruda		Ca	P	Mg	K	Na	Fe	Mn	Zn	Cu
Brachiaria decumbens	9.6	25.6	8.1	57.1	0.3	0.3	0.5	0.6	0.01	162.0	327.4	22.1	4.3
Brachiaria humidicola	8.3	29.7	6.7	55.2	0.2	0.2	0.3	0.9	1.0	200.4	229.9	27.5	5.7
Pasto tangola	9.0	25.4	8.1	54.1	0.2	0.2	0.2	1.4	0.4	225.4	216.8	29.4	6.7

Fuente: CNMGB - Beni (2003).

Pasto Tangola: (*Brachiaria arrecta* x *Brachiaria mutica*).

---

[85]Una vaca con cría con un peso promedio de 400 kg de peso vivo, para mantener su peso, necesita ingerir diariamente 9.3 kg de materia seca con 9.2% de proteína bruta y 57% de Nutrientes Digestibles Totales, parámetros que se consiguen con la pastura predominante en las sabanas inundables de Bolivia (Montaño C., 2014).

Ganadería en el ecosistema de Sabana Inundable de los Llanos de Moxos

Para desarrollar una ganadería basada en el ecosistema y en el forraje natural es importante conocer los factores que dan lugar a esta ecorregión y las comunidades vegetales que la componen.

La Sabana Inundable de los Llanos de Moxos es una gran llanura casi plana de 200 a 400 Km de ancho con diferencias mínimas de relieve (2 a 5 centímetros cada 100 m) inclinada levemente hacia el norte que, por estas características, se inunda naturalmente todos los años en la época de lluvias, tanto por el aporte de agua de éstas como de las crecientes desde la cuenca alta de los cuatro ríos principales[86] y sus afluentes que atraviesan la región hacia el río Madeira. Estos ríos tienen muy poco desnivel, por lo que forman meandros y cambian de curso periódicamente debido a que trasladan gran cantidad de sedimentos y material vegetativo flotante que originan innumerables lagos y "madrejones" (cursos antiguos de ríos que quedan como lagos). Sin las crecientes portadoras de estos sedimentos, la productividad de las comunidades vegetales de la pradera, que forman parte del primer centro de diversidad para pastizales en Bolivia con 95 especies de gramíneas de la subfamilia *Panicoideae* (GTLM, 2022), se agotaría rápidamente (Beck 1984). La altura de las aguas varía según el relieve y se podría estimar en un promedio de 60 cm (Denevan 1966).

Los factores que provocan inundaciones anuales ordinarias son los siguientes (Miranda C., 2006):

- La ausencia casi total de relieve.
- Los suelos arcillosos y compactados que impiden la infiltración.
- La gran densidad de la vegetación de pantanos y bajíos que constituyen auténticos embalses que dificultan el drenaje.
- La presencia de "palizadas" o diques naturales formados por acumulación de árboles desgajados, además de dificultar el drenaje, favorecen crecidas y desbordes súbitos de los ríos. Grandes palizadas con frecuencia ocasionan migraciones de cursos de ríos y extensas inundaciones en las zonas nuevas ocupadas[87].

---

[86] Ríos Madre de Dios en el extremo Noroeste; Beni al Oeste, Mamoré por la parte central e Iténez al Este.
[87] Como la del Río Maniqui mencionada más arriba en el acápite de "Sitios Ramsar".

Ganadería ecológica en las sabanas inundables de Bolivia

- Las cachuelas (formaciones rocosas en el curso de los ríos) del norte del Beni que ejercen un efecto de dique, impidiendo el flujo normal de las masas de agua.
- Las grandes precipitaciones que se registran en determinadas áreas del Bosque Amazónico Subandino y Preandino.
- La deforestación de estos bosques en la cuenca alta de los cuatro ríos y sus afluentes que fluyen en los llanos[88].

La mayoría de los suelos de la región son recientes, con bastante arcilla que provoca el rápido anegamiento ante la saturación de las superficies (UDAPRO – SITAP, 2009).

Los suelos más desarrollados pertenecen al suborden tropepts[89] que son suelos propios de las terrazas de las planicies aluviales y de los cauces y abanicos aluviales. Este suborden es parte de los inceptisoles que son suelos mineralizados de origen reciente con subsuelos habitualmente mal drenados. Están ubicados en la parte central de los Llanos de Moxos y presentan limitantes importantes, sobre todo en los nutrientes. Los suelos son profundos a muy profundos, con predominancia de texturas finas por lo general compactas, húmedas y con diferentes grados de inundación; ácidos a muy ácidos y pobres en fertilidad.

En otros sectores de la región los suelos son poco profundos a profundos, con texturas medianas a finas, presencia de nódulos de óxido de fierro y manganeso y contactos petroférricos en algunos sectores; ácidos a muy ácidos y pobres en fertilidad.

Todo esto significa que el exceso de arcilla de los suelos no es la única limitante para la vegetación, sino que está combinada con factores de baja fertilidad, acidez y salinidad. La pradera natural que crece en estas condiciones adversas es por lo tanto de gran valor y el conocimiento de sus cualidades botánicas y fisiológicas sumadas a las características edáficas, permitiría mejorar su manejo sin tener que introducir especies foráneas.

---

[88] Como se explicó más arriba, las inundaciones extraordinarias ocurren por la deforestación de la cuenca alta y el efecto de dique que no sólo ocasionan las cachuelas sino las represas construidas en el río Madeira.
[89] De acuerdo a la clasificación taxonómica de suelos (Sistema del Soil Taxonomy, 1973).

Ganadería ecológica en las sabanas inundables de Bolivia

Las comunidades vegetales que componen la pastura natural en los Llanos de Moxos conforman diferentes tipos de vegetación que van desde áreas permanentemente inundadas hasta las que nunca se inundan. Para implementar el pastoreo controlado es necesario conocer estas comunidades y, en lo posible, la palatabilidad y valor nutritivo de las plantas que las componen (anexo 5), además de sus funciones ambientales, para establecer potreros temporales con cercas eléctricas. El productor tiene que ser un observador permanente de sus campos porque en la sabana inundable el forraje es un aporte de la naturaleza que el ser humano debe descifrar; debe buscar soluciones basadas en la naturaleza.

Según Beck (1984) estas comunidades son las siguientes:

Cuadro 14. Comunidades vegetales de los Llanos de Moxos

Comunidades	Vegetación
Plantas acuáticas flotantes	Numerosas plantas flotantes son características del ecosistema, pero no tienen valor forrajero, exceptuando las gramíneas palatables y tolerantes a la inundación *Hymenachne amplexicaulis* ("cañuela morada") o *Luziola peruviana* ("cañuela blanca") que son acompañantes típicas de la *pontederiácea Eichornia azurea* ("tarope" de hoja ancha).
Plantas en suelos pantanosos o en aguas eutrofas[90]	• Pantanos (yomomos) de *Cyperus giganteus* ("junquillo"). El junquillo no es palatable y crece en lugares inundados de difícil acceso, pero es importante porque mantiene la humedad en los pantanos en la época seca y es refugio natural para la fauna silvestre. Son matas en pantanos considerados áreas de servidumbre ecológica, por lo que el productor debe conocerlas y preservarlas. • Llanura inundadiza de *Polygonum*. El "tabaquillo" crece en la zona de transición entre bajío y curichi. El sobrepastoreo favorece la propagación de estas especies que no son palatables. Son un indicador de pisoteo de ganado y de su permanencia excesiva en estos lugares cuando no hay manejo. La especie característica es *Polygonum hydropiperoides* ("tabaquillo"), planta perenne tóxica que sirve para sospechar de ella cuando hay diarreas en el ganado, acompañada frecuentemente por *Hymenachne amplexicaulis*

---

[90] Aguas que reciben un vertido de nutrientes (nitrógeno), como el estiércol del ganado o desechos agrícolas o forestales, favoreciendo el crecimiento excesivo de materia orgánica y provocando, a su vez, un crecimiento acelerado de algas y otras plantas verdes que cubren la superficie del agua.

	("cañuela morada") y *Thalia geniculata* ("patujú de bajío").
Comunidades herbáceas de los bajíos	Bajíos en los que dominan gramíneas y graminoides de alto valor forrajero a los que debe poner atención un productor para establecer en ellos pastoreo controlado a través de cercas eléctricas tanto en época de agua (cuando el nivel del agua todavía no sube de medio metro) como en tiempo seco (cuando el volumen del forraje se reduce y se debe evitar su consumo y pisoteo excesivo). En estos bajíos la especie dominante es muy palatable y de alto valor, *Leersia hexandra* ("arrocillo"), combinada con especies de *Eleocharis* ("totorilla" y "pelillo"), que son oferta de forraje verde para épocas de extrema sequía, y otras de valor forrajero como *Justicia laevilingulis* (sin nombre común conocido pero fácil de reconocer por sus vistosas flores lilas) o de menor importancia forrajera como *Caperonia castaneifolia* ("malva espinosa") y *Cabomba piauhyensis* (reconocible porque es como un arbolillo que cunde debajo de agua cristalina; indicadora de sustratos ricos en nutrientes. Planta muy usada en acuarios). • Fajas de macollos de *Paspalum densum*.
Comunidades herbáceas de los bajíos	Es la "paja toruna", también llamada "sujo", muy conocida por los productores de la zona. Cunde en áreas menos inundables, en depresiones de los tajibales (bosques de tajibo del género *Tabebuia*) o en fajas delante de las cañadas. Otra especie asociada a ésta en los mismos lugares es *P. plicatulum* ("gramalote"), parecida exteriormente a la "paja toruna". • Bajíos de *Pontederia subovata* ("tarope" de hoja chica) de aguas alternantes. Zonas de transición entre el borde de depresiones poco profundas y áreas de gramíneas con especies que no come el ganado, como *Pontederia cordata* ("badilejo") y *Sagittaria rhombifolia* (también llamada "badilejo" por la forma de las hojas). Las áreas de gramíneas mencionadas tienen forrajeras importantes que prosperan con agua de hasta un metro o más de altura como la "cañuela blanca" (*Luziola peruviana*) y variantes (facies[91]); las flotantes "cañuelas moradas" (*Hymenachne amplexicaulis*) y variantes, que crecen también en aguas eutrofas, como se vio más arriba, además de las llamadas "comes-bebe" (*Paspalum acuminatum*) por su afinidad con el agua, también con variantes. • Pajonales de *Panicum tricholaenoides* de aguas alternantes.

---

[91] Término empleado en botánica para referirse al aspecto externo de una planta, a su traza.

	En estos pajonales de "tacuarilla", que es de baja palatabilidad y es una maleza difícil de erradicar que rebrota después de las quemas, crecen especies características de escaso valor forrajero, plantas muy comunes y conocidas cuya importancia es que son refugio de fauna silvestre[92]. En estas asociaciones también pueden aparecer especies de alta palatabilidad como la *Hemarthria altissima* (sin datos sobre el nombre común), muy apreciada por el ganado, que ha sido introducida al medio y que podría propagarse a través de semillas y estolones.
Comunidades de las semialturas y alturas rasas	Áreas de suelos duros y pobres con especies espinosas y palmeras. Al estar en semialtura el agua de inundación permanece poco tiempo y en época seca la vegetación muere. En estas comunidades suele haber algunas especies de baja o mediana palatabilidad como la gramínea *Eragrostis acutiflora* (sin datos sobre el nombre común) y la ciperárcea *Cyperus surinamensis* (planta muy común y palatable cuando no tiene inflorescencias). También es reducto de *Paspalum plicatulum* ("gramalote"), pasto de hasta 50 cm de altura que puede aprovecharse bien como forraje en pastoreo controlado. En las lomas altas crecen gramíneas de palatabilidad variable entre las que destaca la Eleusine tristachya ("pata de gallo").
Comunidades de plantas leñosas del tajibal y de los espinales	• Bosque ralo de *Tabebuia heptaphylla* (árbol de tajibo) sobre termiteros. En estos bosques se encuentran forrajeras como el *Panicum laxum* (también llamado "arrocillo" como otras especies) y *Paspalum plicatulum* ("gramalote"), además de *Paspalum densum* ("paja toruna") ya mencionados más arriba. • Bosques arbustivos de las asociaciones de *Portulaca cryptopetala – Machaerium hirtum* ("tusequi"). Se encuentran en las "semialturas" como islas dentro de la pampa o delante de grandes islas de monte, muchas veces combinadas con *Acacia atramentaria* ("espino blanco"). Estos bosques arbustivos se componen de asociaciones de *Portulaca* con leguminosas espinosas arbustivas y arbóreas llegando a formar densas e impenetrables poblaciones reduciendo la superficie de las pasturas. No son consumidas por el ganado en ninguna fase y más bien son especies cuya población debe reducirse para que no invadan potreros completos de pastura natural palatable. Son

---

[92] Estos refugios de fauna silvestre son también escondites de ganado en ganaderías sin manejo, por lo que muchos ganaderos, en vez de manejar el ganado, tienden a destruirlos.

	matorrales con espinas en los que no se refugia la fauna silvestre[93].
Fajas de bosquecillos pioneros en los bajíos y al borde de los arroyos.	Bosques de árboles pequeños y arbustos de 2 a 5 m de altura del género *Croton*[94] ("manguillo) que permanecen más de un mes con agua a 1 m o más de altura. Junto con otras especies invasoras, no son consumidas por el ganado y son difíciles de erradicar. Son como bosquecillos de frutales que reducen el área de pastoreo.
Islas de monte	• Islas altas de asentamientos humanos y corrales con palmeras de *Scheelea prínceps* ("motacú") y *Ficus spp.* ("bibosi"). • Islas altas de vegetación ruderal[95] y espinosa en las que hay árboles indicadores de suelos con deficiencias hídricas como *Sorocea saxicola* ("ojoso blanco") o *Cordia glabrata* ("mechero") y señaladores de agua a poca profundidad como *Curatella americana* ("chaaco", resistente a las quemas). • Islas poco alteradas (y poco frecuentes) con árboles y palmeras característicos con manchas de bosques de galería. En estas islas de monte poco alteradas, al este de los Llanos de Moxos, es posible encontrar cacao silvestre (*Theobroma cacao*). El productor debe conocer y preservar este árbol de gran importancia por ser genéticamente puro.

Fuente: Beck S., 1984.

Las características de la ganadería de los Llanos de Moxos son en general las mismas que las del departamento del Beni, en el que se encuentran. La crianza de ganado es principalmente para cría y recría destinada a centros de engorde del departamento de Santa Cruz, por lo que contribuye significativamente a la oferta nacional de carne de exportación.

La historia del departamento del Beni está ligada a la ganadería a partir del siglo XVII con la llegada del primer hato de ganado de menos de 100 reses desde Santa Cruz a la primera misión jesuítica de Moxos que fue Loreto (provincia Marbán). Como se explicó en el acápite en el que se describe la ganadería de Bolivia, de ese ganado taurino (bovino originario de Europa)

---

[93] Sin embargo, en el Pantanal se la considera una planta de mediano valor forrajero cuando sus hojas son tiernas. Ver anexo 5.

[94] En el Pantanal crece una malva del género *Croton* medianamente consumida por el ganado. Ver anexo 5.

[95] Vegetación que crece en lugares de ruinas habitadas por el hombre, en escombros, tierras removidas, amontonamiento de minerales y otros materiales análogos (Font P., 2001).

deriva hasta hoy la raza criolla genuina basada en el criollo yacumeño (de la provincia Yacuma) que se conserva en predios de la Universidad Gabriel René Moreno de Santa Cruz. Es una raza valiosa genéticamente por su adaptación de varios siglos a las condiciones tropicales de Bolivia; una fuente de genes para crear razas mestizas locales. Está amenazada por la erosión genética debida a la introducción de razas foráneas que hacen decrecer su población, por lo que es importante desarrollar políticas gubernamentales para proteger este valioso recurso zoogenético. Esta erosión genética se inició a mediados del siglo pasado con la introducción de ganado cebuíno (bovino originario de India y Paquistán) desde el Brasil, apreciado por su rusticidad y capacidad de adaptación a las condiciones tropicales, y también con ganado taurino Holstein y Pardo Suizo desde los valles y el altiplano a los que fueron introducidos por diversos programas de mejoramiento genético.

Entre el ganado cebuíno la raza más representativa e importante en la ganadería de las tierras bajas de Bolivia para carne es la Nelore[96] que actualmente ha alcanzado buenos índices zootécnicos y parámetros productivos con un alto rendimiento en carcasa y una excelente genética que se exporta como semen y embriones. Para leche la raza cebuína más importante es la Gyr[97] que cruzada con ganado taurino Holstein (Girholando) es la que alcanza mejores rendimientos.

En el lenguaje popular se llama criollo al ganado que tiene rasgos fenotípicos de tipo taurino, por su origen europeo, pero lo correcto es llamarlo ganado mestizo porque ya está cruzado con diversas razas tanto taurinas como cebuínas. En el oriente boliviano existe un cruzamiento permanente de la raza mestiza con el ganado Nelore por ser la raza más desarrollada y difundida, pero también con ganado Holstein y Pardo Suizo, especialmente en lecherías. Al ganado mestizo-Nelore se le llama "anelorado". Las características fenotípicas del ganado Nelore con su color blanco cenizo ha derivado en una tendencia

---

[96] La raza cebuína Nelore se originó del ganado vacuno Ongole originalmente traído a Brasil desde la India (y del Brasil a Bolivia). Lleva el nombre del distrito de Nelore en el estado de Andhra Pradesh en la India. Sus características más conocidas son su gran joroba sobre la parte superior del hombro y el cuello y su pelaje blanco, gris y manchado de gris.
[97] Raza cebuína de la India para la producción de leche en climas cálidos.

obsesiva de los comercializadores a valorar sólo el ganado de este color, discriminando el ganado rojizo o negro.

A finales del siglo pasado se introdujeron en Bolivia otras razas cebuínas importantes entre las que más destaca, para los Llanos de Moxos y para la ganadería beniana, la Brahman[98] . Las Estancias Espíritu situadas entre los ríos Yacuma y Rapulo en las provincias Yacuma y Ballivián producen reproductores de gran calidad con la denominación de Brahman Yacumeño. En los últimos años se han introducido al país y al departamento del Beni otras razas para cruce industrial (cruzamiento entre individuos de razas diferentes para aumentar la eficiencia en la producción de carne, que se detiene en la primera generación; sólo se usa la F1) como la Brangus (cruzamiento entre las razas Brahman y la inglesa Angus), Montana (raza sintética creada en el estado de Montana a partir de razas compuestas multirraciales que combina cebuínos y taurinos), Senepol (raza sintética creada cruzando las taurinas N´Dama y Red Poll. El ganado N'Dama es originario de Senegal, África; Senepol es la combinación de nombres Senegal - Red Poll) y otras.

La ganadería beniana, a través de un total de 8.440 Unidades de Producción Agropecuaria (UPA's) con ganado bovino en las que el 3,23% son grandes (más de 2.500 has), el 11,23% son medianas (de 501 a 2.500 has) y el 85,54% son pequeñas (hasta 500 has), genera empleo para más de 20.000 familias en forma directa, estimándose que más de 120.000 personas dependen directamente de la producción ganadera, sin considerar los empleos indirectos de quienes trabajan en la comercialización, transporte, faenado y otras actividades en el área de servicios de apoyo a la producción ganadera. Por lo tanto, se puede afirmar que más del 50% de la población beniana vive de la ganadería, lo que resalta la importancia de desarrollar el sistema productivo ganadero para generar empleo formal con mejores ingresos y evitar la migración campo-ciudad. La producción de carne en el departamento del Beni, además de cubrir la demanda de carne bovina departamental, genera excedentes para atender la demanda insatisfecha de otros departamentos

---

[98] La raza Brahman se origina de ganado cebuíno llevado originariamente a los Estados Unidos desde la India. En Texas se creó la raza en base a cruzamientos con otras razas cebuínas y razas taurinas.

evitando la importación de este alimento proteico (FEGABENI- AGRITERRA, 2018).

Existen territorios indígenas en la sabana inundable de los Llanos de Moxos con una importante actividad ganadera, como, por ejemplo, el caso del Territorio Indígena Multiétnico conformado por los grupos étnicos Mojeño Ignaciano, Mojeño Trinitario, Yuracaré, Movima y T'siname que actualmente cuentan con aproximadamente 3.300 cabezas de ganado bovino distribuidas en 18 comunidades con un promedio de 183 cabezas por comunidad. Como en otras regiones de tierras bajas del país, la mayor parte del pastoreo es en tierras comunitarias pero el ganado en su mayoría es de propiedad familiar. Estas comunidades ganaderas son las que requieren de una atención particular para desarrollar una Ganadería Sostenible eficiente y productiva (ACEAA, 2023).

Ganadería en el ecosistema de sabana inundable del Pantanal

El Pantanal en Bolivia es una confluencia de varias unidades biogeográficas, geomorfológicas, geológicas y de vegetación (Navarro, 2011) en la que se presentan relaciones geográficas y ecológicas entre el Cerrado, la Chiquitanía, el Gran Chaco Oriental y en menor medida con los Llanos de Moxos, mostrando un mosaico complejo de ecosistemas que se interrelacionan, cuyas características responden sobre todo a los pulsos de inundación de los ríos que surcan la zona, originando una diferencia del nivel de agua de 4 m entre la época de sequía y de inundación (Azurduy, 2008).

El Pantanal boliviano ocupa aproximadamente 3,2 millones de hectáreas (Ibisch et al., 2002) (ver mapa 4 en anexo 2); fue declarado sitio RAMSAR el año 2001, con enorme valor a nivel internacional por ser un humedal natural, por su rol ecológico y porque alberga una biodiversidad particular (comunidades de flora y fauna), hecho que condiciona un compromiso por parte del Estado para mejorar su conocimiento y lograr la conservación y protección de esta zona actualmente vulnerable a la acción humana (Ministerio de Educación, 2013).

El conjunto del Pantanal en Bolivia está formado por dos sectores biogeográficos en los que existen dos áreas protegidas (Reichle y Ibisch, 2002):

Ganadería ecológica en las sabanas inundables de Bolivia

1. Área Natural de Manejo Integrado (ANMI) San Matías de Santa Cruz, con una superficie de 2.918.500 ha (29.185 Km2). Comprende varios ecosistemas del Sector biogeográfico del Pantanal norte.

2. Parque Nacional y Área Natural de Manejo Integrado (PN y ANMI) Otuquis de Santa Cruz, con una superficie de 1.005.900 ha (10.059 Km2). Comprende varios ecosistemas del Sector biogeográfico del Pantanal sureño.

Ambas AP ocupan 3,9 mill. de has (39.244 Km2) en las que está el 100% del territorio del Pantanal, además de otras ecorregiones como el Bosque Seco Chiquitano y el Cerrado.

En el Pantanal norte que corresponde al ANMI San Matías se encuentra el Territorio Indígena Originario Campesino (TIOC) Central Indígena Reivindicativa de la Provincia Ángel Sandoval (CIRPAS) con una superficie titulada de 494.626,9 ha, además de comunidades de pueblos originarios como chiquitanos y ayoreos. La zona sur del Otuquis tiene escasa población y la ganadería de propiedades privadas es una de las pocas actividades económicas de la región (ver mapa 5 en anexo 2).

Históricamente (fines del siglo XVII), las primeras estancias de la zona (en el lado que después fue la República de Bolivia) avanzaron más allá de las áreas usadas por las misiones. Estas haciendas eran ganaderas, pero inicialmente también se dedicaban a la producción agrícola para el abastecimiento local. Al igual que en el inicio de la ganadería en los Llanos de Moxos, el ganado utilizado fue el introducido desde Europa durante la colonia, ganado taurino que derivó en la raza criolla adaptada al medio con diversos ecotipos como el Caracú de origen portugués llevado desde el Brasil a la región del Pantanal.

Durante la Segunda Guerra Mundial, la mayor demanda de carne produjo una expansión espacial de la ganadería en el Pantanal, además de esfuerzos por mejorar la productividad cruzando el criollo con razas cebuínas (asiáticas) también introducidas desde el Brasil, consolidándose también el comercio y el contrabando. Además, se acrecentó la explotación de recursos naturales (cueros y durmientes de quebracho) para su comercio en la Argentina. La Reforma Agraria, en el año 1953, consolidó las grandes propiedades dedicadas a la ganadería extensiva en pastos naturales (Ministerio de Medio Ambiente y Agua, 2012).

Ganadería ecológica en las sabanas inundables de Bolivia

Esta forma de propiedad aisló a las comunidades chiquitanas o las desplazó hacia otras zonas, restringiendo su acceso a los recursos naturales, los cuales fueron explotados a fines de los 60' por comerciantes y pobladores de los centros urbanos de la zona, tanto en Brasil como en Bolivia (Consorcio Prime Engenharia, et al. 2000).

Entre 1960 y 1970, con la dotación de parcelas individuales de 50 ha para cada familia chiquitana se acabó de desestructurar, y poner un límite espacial, al modelo chiquitano de uso de recursos (Consorcio Prime Engenharia et al. 2000). Este proceso coincidió con una sequía que afectó el Pantanal desde el año 1962 hasta 1973, y que permitió la expansión ganadera en toda la región y en particular hacia la parte sur del actual PN-ANMI Otuquis. La inundación del año 1974, relacionada al fenómeno de El Niño, puso fin a este crecimiento ganadero al perderse miles de cabezas de ganado, ocasionando el retroceso definitivo de la ocupación ganadera de esta zona.

Los procesos de ocupación de tierras para ganadería en los años 60 y 70 significaron el inicio de procesos intensificados de la acción del fuego, no solo en Bolivia, sino en los vecinos Brasil y Paraguay. De esta forma, la actividad ganadera fue entonces la principal fuente de ocurrencia y proliferación de fuegos extendidos que no solo afectaban los ecosistemas de la sabana, sino otras formaciones de vegetación, como palmares y bosques secos vecinos.

Esta tradicional relación de la ganadería con las quemas ha quedado marcada en el imaginario popular y es todavía recurrente en las sabanas inundables de Bolivia de modalidad extractiva, pero es cada vez menos frecuente que una estancia moderna, de modalidad rentable, como las que proliferan en el Bosque Seco Chiquitano, provoque incendios. Para las estancias progresistas y rentables con importantes inversiones en pasturas e infraestructura un incendio es una tragedia, por lo que han desarrollado prácticas locales para evitar que el fuego provocado por asentamientos ilegales alcance a su predio[99] (en la Chiquitanía se considera que las mayores amenazas para un emprendimiento ganadero son el fuego y la sequía) (GIZ – AKUT, 2022).

---

[99] Es debido a estas prácticas que muchas estancias y, especialmente, las colonias menonitas, jamás han sufrido incendios.

Ganadería ecológica en las sabanas inundables de Bolivia

La composición florística y estructura de las comunidades vegetales sabaneras del Pantanal presenta especies altamente tolerables al fuego ("pirófilas") como tajibales (*Tabebuia*), o bosques abiertos de *Curatella* (árbol "chaaco") y *Byrsomina* ("muresi"), que son indicadores de la respuesta de la vegetación al fuego. Se asume que existe una fuerte presión sobre la vegetación y sobre la vida silvestre, ocasionando mortandades o alteración de los hábitats y sitios reproductivos (Ministerio de Medio Ambiente y Agua, 2012).

Las sabanas de fuerte inundación y humedales se encuentran en la región este, desde Mutún hacia Puerto Busch, incluyendo el triángulo Foianini (el triángulo de la parte inferior derecha en el mapa 5 del anexo 2). Algunas de las ocupaciones ganaderas en dicha zona posiblemente datan de varias décadas, pero fueron abandonadas por las enormes inundaciones ya mencionadas del año 1974 que asolaron la región. Durante muchos años la actividad ganadera en el área fue muy reducida. La situación empezó a cambiar con el avance de la construcción del corredor bioceánico, generando expectativas de expansión económica que se incrementaron con el inicio del mega-proyecto minero del Mutún y la mejora de la vía Mutún-Puerto Busch. Varios predios comenzaron a reactivar sus actividades ganaderas en la zona correspondiente al ANMI enfrentando sin mayor cambio hasta ahora las fuertes inundaciones estacionales.

Los servicios ambientales generados por el Pantanal sustentan una ganadería extensiva (de modalidad extractiva), siendo la principal actividad productiva de la región. En el Pantanal se generan anualmente grandes volúmenes de forraje nativo que ha servido como alimento para el ganado durante generaciones y que ha sido fortalecido por el buen manejo y conocimiento local.

Debido a limitaciones impuestas por los ciclos hidrológicos, a la reducida infraestructura de comunicación que dificulta el uso de insumos externos y a poblaciones humanas reducidas que no ejercen presión sobre el medio ambiente, en todo el Pantanal se ha desarrollado una ganadería sostenible tácita que debe ser valorada para que no se convierta en una amenaza si se desarrolla de manera irresponsable y sin control. Dado que para la ganadería tradicional el forraje nativo continúa siendo la mejor alternativa de alimento, utilizarlo con la aplicación de estrategias de manejo garantizará su conservación y productividad económica. (Martínez et al., 2020).

La vegetación del Pantanal boliviano está estrechamente relacionada con la del Cerrado y la Chiquitanía (Navarro, 2002), en las zonas inundadas con la de los Llanos de Moxos (Beck, 1984) y hacia el sur está relacionada con el Gran Chaco oriental (Navarro, 2005; Navarro et al. 2006). Estos ecosistemas están constituidos por un mosaico diverso de distintas unidades, en las que se incluyen bosques altos, campos abiertos, sabanas arboladas, sabanas inundables y pantanos (Arispe y Rumiz, 2002).

Al igual que en los Llanos de Moxos, para implementar el pastoreo controlado es necesario conocer estos ecosistemas y comunidades vegetales y, en lo posible, la palatabilidad y valor nutritivo de las plantas que las componen (anexo 5), además de sus funciones ambientales, para establecer potreros temporales con cercas eléctricas. Como ya se ha dicho, el productor tiene que ser un observador permanente de sus campos porque en la sabana inundable el forraje es un aporte de la naturaleza que el ser humano debe descifrar; es una forma de buscar soluciones basadas en la naturaleza (ver en anexo 5 las especies forrajeras y las de valor para el medio ambiente del Pantanal).

A continuación, se resumen los ecosistemas que se desarrollan en toda la región del Pantanal boliviano (Navarro, 2002; Navarro y Ferreira, 2004, 2007 y 2009; Navarro, 2011).

Cuadro 15. Ecosistemas y comunidades vegetales del Pantanal Norte. Cuenca del Río Curiche Grande

Ecosistema	Vegetación
Bosque Chiquitano bajo	Serie de *Schinopsis brasiliensis-Aspidosperma tomentosum* ("soto"- "jichituriqui amarillo"). Se desarrolla en superficies no inundables, sobre suelos pedregosos francos o franco-arenosos, del contacto entre la Chiquitanía y el Pantanal norte.
Cerrado de la Chiquitanía oriental, transicional al Pantanal norte	Serie de *Attalea eichleri-Hymenaea stigonocarpa* ("cusi" – "paquió"). Se desarrolla en la zona más baja o distal del pedimento que enlaza las serranías chiquitanas orientales con la cuenca del Río Curiche Grande. Vegetación que crece sobre suelos arenosos.
Bosque chiquitano transicional al Pantanal de San Matías	Serie preliminar de *Tabebuia heptaphylla-Anadenanthera colubrina* ("tajibo blanco rosado" – "curupaú"). Distribuidos en la zona baja o distal de los abanicos aluviales de ríos que descienden de las serranías chiquitanas orientales hacia la

Ganadería ecológica en las sabanas inundables de Bolivia

	depresión del Río Curiche Grande. Se desarrolla sobre suelos anegables estacionalmente.
Bosque mesofítico-freatofítico[100] de la Chiquitanía transicional al Pantanal norte	Serie preliminar de *Ficus obtusifolia-Sapindus saponaria* ("bibosi"- "jaboncillo"). Se desarrolla sobre suelos que presentan niveles freáticos a poca profundidad.
Palmar-Tajibal del Pantanal norte	Serie de *Copernicia alba-Tabebuia heptaphylla* ("palmito" - "tajibo blanco rosado"). Sabana arbolada que se inunda estacionalmente y crece sobre suelos con relieve de montículos y termiteros.
Palmares de Palma Carandá	Serie de *Triplaris gardneriana-Copernicia alba* ("palo diablo" - "palmito"). Soportan de media a alta inundación del norte del Chaco y del Pantanal.
Bosque ribereño inundable del Pantanal norte	Serie de *Triplaris gardneriana-Couepia uitii* ("palo diablo" – sin nombre común conocido). Serie preliminar de *Aporosella chacoensis-Albizia inundata* ("árbol de la ribera" – "timbó"). Árboles higrófilos que se desarrollan sobre suelos inundables de la Cuenca del Río Curiche Grande.
Sabanas herbáceas de las planicies de Pantanal norte. Área de mayor interés para la ganadería en pradera natural	Pampas de "tacuarilla" y "cola de ciervo" de baja a media inundación. Comunidad de *Andropogon bicornis-Panicum tricholaenoides* ("cola de ciervo" – "tacuarilla"). Se desarrollan en mosaico con los palmares-tajibales anegables, o bien en depresiones anegadizas del Cerrado y del bosque bajo sobre suelos arenosos. Planicies de alta inundación. Cañuelares de aguas mesotróficas y oligotróficas[101] con una comunidad de gramíneas dominante: Comunidad de *Rynchospora trispicata-Paspalidium geminatum* (ciperácea de bajíos y curichis – gramínea sin nombre común conocido) y comunidad de *Rhynchospora trispicata-Paspalum wrightii* ("pasto inverno").
Vegetación de pantanos y cuerpos de agua del Pantanal norte	Pantanos herbáceos (curiches). Pantanos flotantes (yomomales). Vegetación palustre o acuática que se desarrolla en charcas, lagunas semipermanentes o permanentes del Pantanal.

Fuente: Elaborado con información y datos de Navarro, 2011.

Las colecciones botánicas en la región son escasas y faltan más estudios, sobre todo en la región sur del Pantanal (Guillén et al., 2002).

---

[100] Mesofítica: vegetación de una ecología intermedia entre el medio seco y el medio acuático. Freatofítico: medio con plantas cuya toma principal de agua proviene directamente de la capa freática.

[101] Agua mesotrófica: que contiene la cantidad adecuada de nutrientes y minerales, ni por exceso (eutrófico), ni por defecto (oligotrófico).

Cuadro 16. Ecosistemas y comunidades vegetales del Pantanal Sureño. Otuquis-Río Negro

Ecosistema	Vegetación
Chaparrales de las semialturas del Pantanal sur	Serie de *Machaerium hirtum-Bergeronia serícea* ("tusequi" – sin nombre común conocido). Chaparral anegable de las semialturas sódico-alcalinas del Pantanal de Otuquis-Río Negro.
Paratodal[102] de las semialturas del Pantanal sur	Serie de *Muellera fluvialis-Tabebuia aurea* (sin nombre común conocido – "alcornoque"). Bosque bajo anegable que se desarrolla en las semialturas no alcalinas del Pantanal de Otuquis-Río Negro.
Palmares de Palma Carandá del norte del Chaco y del Pantanal sur	Serie de *Microlobius foetidus-Copernicia alba* (árbol leguminoso – "palmito"). Palmares de Palma Carandá de baja a media inundación con especies del norte del Chaco y especies del Pantanal suroccidental. Serie de *Triplaris gardneriana-Copernicia alba* ("palo diablo" - "palmito"). Palmares de Palma Carandá de media a alta inundación con especies del norte del Chaco y especies del Pantanal suroccidental.
Bosque ribereño del Alto Río Paraguay	Serie de *Pterocarpus michelii-Albizia inundata* ("verdolago" - "timbó"). Bosque ribereño inundable que se desarrolla en la llanura de inundación reciente y márgenes fluviales del Río Paraguay y de sus afluentes.
Sabanas herbáceas de las planicies del Pantanal sur. Área de mayor interés para la ganadería en pradera natural	Sabanas herbáceas de las planicies de baja a media inundación. Pampa de "tacuarilla" y "cola de ciervo" (*Andropogon bicornis-Panicum tricholaenoides*). Sabanas herbáceas de las planicies de alta inundación. Cañuelares de Rynchospora trispicata-Paspalidium geminatum (ciperácea de bajíos y curichis – gramínea sin nombre común conocido). Arrocillares de *Eleocharis elegans-Oryza latifolia* ("totorilla" – "arrocillo").
Vegetación de pantanos y cuerpos de agua del Pantanal sur.	Pantanos herbáceos (curiches). Pantanos flotantes (yomomales). Vegetación palustre o acuática flotante libre encharcas, lagunas semipermanentes o permanentes del Pantanal.

Fuente: Elaborado con información y datos de Navarro, 2011.

Área Protegida de San Matías

Este AP es de categoría ANMI, lo que implica que es un área natural con intervención humana (ver anexo 2, mapas 5 y 6). La falta de cumplimiento de normas y la ambigüedad en cuanto a lo que está permitido y prohibido en un ANMI, como se explicó más arriba en este trabajo, ocasiona actualmente graves problemas como la presencia de animales perjudiciales y plagas que

---

[102] Formación boscosa característica del Pantanal boliviano.

afectan a los cultivos, enfermedades de ganado ajenas a la región, malezas foráneas, extracción ilegal de madera y otros.

En el mapa 6 del anexo 2 se puede apreciar el límite del ANMI (en trazo amarillo) en relación al resto del territorio ocupado por el sitio Ramsar Pantanal al norte incluyendo la población de San Matías.

El ANMI San Matías tiene una superficie de 2.918.500 ha y abarca cuatro provincias: Ángel Sandoval (67,74%), Germán Busch (28,05%), Chiquitos (2,49%) y Velasco (1,72%). Alberga 26 comunidades que actualmente se estima que cuentan con un total de 3.900 habitantes[103]que se dedican a la agricultura y la ganadería, ocupando apenas el 8% del área, por lo que se supone existe una limitada influencia en afectar sus recursos. Junto a estas comunidades existen varias estancias ganaderas dedicadas a la cría de ganado bovino para la producción y comercialización de carne (Ministerio de Educación, 2020).

 El hato de la región alcanza a 120.000 cabezas con 490 productores registrados (FEGASACRUZ, 2022)[104]. La actividad ganadera predomina en la zona Central y Norte. Sin embargo, también existen comunidades en la zona sur que cuentan con hatos ganaderos, aunque éstas no sean representativas de la zona.

En el mapa 6 del anexo 2 se puede ver la ocupación del territorio por parte de estancias privadas (puntos de color naranja). Según datos del INRA existen 61 unidades productivas privadas que se encuentran en alguna etapa del proceso de titulación, llegando a representar el 10.5 % del total del territorio del ANMI que es de 2.918.500 ha.

Se identifican estancias de mediana producción y estancias grandes que en la mayoría de los casos no cuentan con la presencia continua de los dueños. La población local es contratada como capataces o se dedican al cuidado de las estancias, convirtiéndose así en fuente laboral para la población (Ministerio de Medio Ambiente y Agua, 2009).

---

[103] En base al crecimiento demográfico de 1,2% anual de Bolivia. En 2009 eran 3.285 habitantes (Ministerio de Medio Ambiente y Agua, 2009).
[104] Es el hato consignado por la Asociación de Ganaderos de San Matías.

Ganadería ecológica en las sabanas inundables de Bolivia

Como ANMI, San Matías tiene que ser un área saneada y titulada en la que se respete el patrimonio natural y cultural y donde las comunidades hagan un aprovechamiento sostenible de los recursos naturales en base a una planificación territorial integral entre comunidades y propiedades privadas. Para esto es fundamental el manejo sostenible de la principal fuente de recursos que es la ganadería, con una mayor integración entre ganaderos y comunidades, organizaciones sociales, gobiernos municipales y Gobernación. Y esto cobra mayor importancia bajo la perspectiva de la construcción de carreteras y otras vías, que ejerce una creciente presión para intensificar actividades agropecuarias y llevarlas a niveles intensivos industriales.

Existe además una tendencia perjudicial en la zona al desarrollar ganadería ocupando zonas altas de bosques para establecer forraje introducido, práctica a la que se denomina *ganadería de reemplazo* por ser una actividad de reemplazo de bosques. Esta tendencia incide más en el área de San Matías que en la de Otuquis, pero es una amenaza importante ante el avance de los desmontes a medida que aumentan las reactivaciones de predios o las nuevas dotaciones. Existe este riesgo en las zonas boscosas de los dos ANMI e incluso del Parque Nacional Otuquis, lo cual implicaría el impulso de *ganaderías de reemplazo* y de la ganadería tradicional generando una ocupación masiva de tierras.

El plan de manejo del ANMI San Matías establece que el cultivo de pastos introducidos se hará sólo para la complementación alimentaria del ganado en épocas críticas (sequía, inundación, maternidad) y/o para equinos y otros animales de apoyo a la actividad pecuaria. No está permitido el cambio en el uso del suelo hacia sistemas intensivos de gran escala o industriales como el engorde de ganado en confinamientos.

La norma indica también que la implementación de pastos cultivados en ningún caso sobrepasará la extensión total de 250 ha/estancia o unidad productiva. Para su establecimiento la estancia o unidad productiva deberá mencionarlo previamente en su Plan de Ordenamiento Predial (POP) y realizar todos los trámites que correspondan ante las autoridades competentes para su aprobación. El AP deberá comunicar a todas las entidades correspondientes (Municipios y Gobernación) la limitación de 250 ha para el establecimiento de

Ganadería ecológica en las sabanas inundables de Bolivia

pastos cultivados y que esta limitación se inscriba en los Planes Territoriales de Desarrollo Integral (PTDI).

Estas disposiciones coinciden con los lineamientos generales de la ganadería sostenible que en esta región prioriza la utilización adecuada del forraje natural, el pastoreo controlado para erradicar la *práctica del no manejo*, la especialización en actividades de cría y recría, el mejoramiento genético del ganado en base al bovino criollo local Caracú y el mantenimiento de corredores biológicos entre las zonas de Bosque Chiquitano y las Sabanas del Pantanal. La consolidación de una ganadería sostenible en la región a través de inversiones adecuadas permitirá fortalecer la seguridad alimentaria de la población local y la generación de ingresos económicos complementarios a través del mejoramiento de los sistemas productivos locales con bajos insumos externos.

El ANMI San Matías busca además promover procesos productivos con una imagen regional basada en el uso sostenible de los recursos naturales y con prácticas que aseguren una calidad ambiental y social mínimas que permitan la generación de valor agregado, mayores ingresos y el mejoramiento de la calidad de vida de la población local.

Una agropecuaria eco-amigable se vería enormemente potenciada por el desarrollo de una identidad regional, basada en la complementación del turismo en la región y la producción bajo sistemas sostenibles que combinen tecnología y tradición.

<u>Área Protegida Otuquis</u>

A diferencia de San Matías, el AP Otuquis comprende, además, un Parque Nacional en el que, en teoría, no se permite la intervención humana[105] (Reglamento General de Áreas protegidas, 1997). Pero, como establece el Plan de Manejo del AP Otuquis, la legislación sobre recursos naturales no es

---

[105] Artículo 23.- En el área que comprende los parques, santuarios o monumentos, está prohibido el uso extractivo o consuntivo de sus recursos renovables o no renovables y obras de infraestructura, excepto para investigación científica, ecoturismo, educación ambiental y actividades de subsistencia de pueblos originarios, debidamente calificadas y autorizadas, en razón a que éstas categorías brindan a la población oportunidades para el turismo y recreación en la naturaleza, la investigación científica, el seguimiento de los procesos ecológicos, la interpretación, la educación ambiental y la concientización ecológica, de acuerdo a su zonificación, planes de manejo y normas reglamentarias.

consistente, existiendo campos en los que la normativa no ha sido actualizada, tanto en lo referente al acceso a derechos sobre los recursos como a las responsabilidades y competencias institucionales (Ministerio de Medio Ambiente y Agua, 2012). Muchas áreas protegidas, en todas las categorías, tienen normativas internas confusas y arbitrarias, lo que da lugar a incumplir el reglamento con asentamientos humanos permanentes en AP.

En el mapa 8 del anexo 2 se puede diferenciar el ANMI del área del Parque Nacional y del resto del Pantanal marcado como sitio Ramsar. Se aprecia en el mapa que la zona 6 es área tradicional de ganadería que no debió ser incluida en los límites del Parque Nacional.

El Parque Nacional y Área Natural de Manejo Integrado OTUQUIS de una superficie total de 1.005.950 ha, está formado por una porción mayor en la categoría de Parque Nacional con 870.056 ha y una menor de Área Natural de Manejo Integrado, con 135.894 ha[106].

Es un área que cuenta con considerables concentraciones de aves y mamíferos de gran tamaño. El área inundable cubre cerca del 44 % del área protegida. También es característica la presencia de importantes extensiones de palmares de Caranday, islotes de bosques en suelos mal drenados, y al oeste la presencia de una gran extensión de bosques secos de tipo Abayoy[107] que no se encuentran protegidos en ninguna otra área (Consorcio Prime Engenharia et ál. 2000).

Actualmente no existen pueblos indígenas dentro del PN ANMI Otuquis, cuyo nombre deriva de antiguos asentamientos de las tribus Otukeas en el periodo pre-misional (siglo XVI), después integrados a la misión de Santo Corazón. El área comprende las provincias Ángel Sandoval y Germán Busch.

El hato ganadero de Otuquis comprende las ganaderías de los municipios de la provincia Germán Busch: El Carmen Rivero Torres, Puerto Suárez y Puerto Quijarro, que alcanza a 218.274 cabezas con 445 productores (FEGASACRUZ, 2022). En total, incluyendo el hato ganadero de la provincia Ángel Sandoval, el

---

[106] La superficie difiere según las fuentes. La citada es del SERNAP, pero el Plan de Manejo consigna sólo 102.600 ha para el ANMI.

[107] El Abayoy es uno de los ecosistemas menos conocido y casi endémico de Bolivia. Considerada una de las pocas zonas que quedan con bosques vírgenes y un tipo de vegetación única, abarca Puerto Suárez (Pantanal), San Matías y Roboré, en Santa Cruz.

Ganadería ecológica en las sabanas inundables de Bolivia

número de cabezas de ganado vacuno del Pantanal boliviano es de 338.274 con 935 productores (3% del total departamental). El incremento del hato bovino ha sido constante, aunque ha disminuido en relación al de otras regiones del departamento de Santa Cruz[108].

Las estancias ganaderas identificadas dentro del ANMI Otuquis (puntos color naranja en el mapa 7 del anexo 2) y reconocidas por la administración del área protegida, son las que tienen actividad pecuaria, es decir, los predios que están trabajando con ganado bovino desde antes del proceso de inmovilización e implementación de la gestión del área.

Dentro del municipio de Puerto Suárez, el ANMI Otuquis abarca aproximadamente 100.000 ha, área en la que la ocupación para uso ganadero ha sido constante en las últimas décadas, gracias a su accesibilidad, que disminuye durante la época de lluvias. La mayor parte de los bañados de Otuquis protegida por el AP se encuentra en esta zona que es accesible y con bastante intervención humana debido a la gran cantidad de recursos naturales (agua, pastos naturales, bañados, lagunas) y, sobre todo, a que no es una zona tan pantanosa como la del Bloque Otuquis en la categoría Parque Nacional. Debido a estas razones, la mayoría de las haciendas ganaderas y las comunidades campesinas están establecidas dentro o en el área de influencia del ANMI Otuquis.

En esta zona la ganadería es la actividad económico- productiva más importante. Si bien en comparación con el municipio vecino de San Matías el hato ganadero es relativamente más pequeño, la pecuaria le da un empuje muy importante a la economía del municipio: genera empleo, comercio y es una forma de riqueza en la que existen varios estratos en forma piramidal y donde los que concentran mayor riqueza son muchos menos en cantidad. Las estancias ganaderas están establecidas mayormente en el eje de influencia de la carretera interoceánica, pero también se encuentran estancias de diferente tamaño en todo el municipio de Puerto Suárez y en menor proporción en el Municipio Puerto Quijarro.

---

[108] El año 2008 el hato equivalía al 8,41% de la población de ganado vacuno departamental (Ministerio de Medio Ambiente y Agua, 2012).

Ganadería ecológica en las sabanas inundables de Bolivia

Las estancias se encuentran también en el lado Noreste del Bloque Otuquis y dentro del ANMI, a lo largo de la primera mitad del camino entre San Juan del Mutún y Puerto Busch (ver en anexo 2 el mapa 7). Actualmente la ganadería enfrenta limitaciones que restringen las inversiones, como el clima, precios bajos, enfermedades, falta de mercados, y falta de créditos para su desarrollo. La contratación de mano de obra permanente es limitada (por lo general hay sólo un encargado por estancia, con mano de obra eventual en épocas de mayor necesidad: parición, vacunación, mejoras, etc.). Se siguen utilizando las orillas de la laguna Cáceres que en época seca cuentan con abundante pasto natural, por lo que muchos pequeños ganaderos llevan su ganado a esa zona a pastar sin mayor manejo.

Los impactos generados por la ganadería tradicional en la región del área protegida Otuquis son similares a los descritos para el ANMI San Matías, aunque de mucha menor magnitud e intensidad. Los principales problemas son el sobrepastoreo de pasturas y las quemas, cuyo efecto es visible en algunas zonas ya al interior de ambos ANMI y es un impacto recurrente a lo largo de la época seca.

Como en el resto del Pantanal en los tres países, la actividad ganadera en Otuquis es de bajo impacto debido a las limitaciones naturales que la actividad enfrenta y las reducidas inversiones en el manejo del ganado y la conservación de forraje. Al basarse en pasturas naturales en un régimen hidrológico de extremos, se ha desarrollado una ganadería sostenible no declarada formalmente.

Por estas razones es que la región de Otuquis tiene hasta ahora pocos pobladores. La apertura de una vía carretera, una ferrovía y un canal fluvial hacia Puerto Busch y la mayor demanda de carne para exportación integrará paulatinamente a mayor población en la región.

Para el sector ganadero, la construcción de estos accesos va a generar una mayor expectativa y un cambio de actitud hacia una mayor productividad, toda vez que contando con infraestructura vial hacia la región, otrora área de expansión ganadera del municipio de Puerto Suárez, la actividad será factible, permitiendo el ingreso a predios y el traslado del ganado en la época de inundación extrema.

Ganadería ecológica en las sabanas inundables de Bolivia

Por todo lo expuesto es muy importante desarrollar en la sabana inundable del Pantanal un modelo diferenciado de manejo ganadero sostenible que elimine el sobrepastoreo, reduzca y mejore el uso del fuego y sea compatible con la vida silvestre. Si este es un objetivo para la ganadería nacional en base a cada ecosistema, debiera ser mucho más trascendente tratándose de un ANMI, imponiendo una prohibición total de ocupación humana en el Parque Nacional Otuquis (e incluso corrigiendo sus límites dada la ocupación tradicional ganadera en un sector). En ambos se deben consolidar los valores de conservación del ecosistema para alcanzar los objetivos de su creación a través de una participación amplia y coordinada de todos los sectores y actores vinculados.

Visión - Misión

La Visión (aspiración futura a largo plazo) para los Llanos de Moxos y el Pantanal es que se conviertan en grandes productoras de ganado en pradera natural para la producción de carne con certificado de sostenibilidad y sello de origen para mercados diferenciados. Serán regiones que demostrarán la factibilidad de una producción ganadera sostenible manteniendo y protegiendo la biodiversidad y las diferentes funciones y beneficios ambientales de sus ecosistemas. En las ciudades de Trinidad, San Matías y Puerto Suárez se establecerán frigoríficos de primera categoría autorizados para la exportación de carne, que activarán una gran dinámica económica directa e indirectamente, para la creación de miles de fuentes de trabajo formal.

Para alcanzar esta Visión, la Misión (objetivo actual inmediato, preciso y específico) es concientizar sobre el gran valor de la pradera natural de la sabana inundable tanto como fuente de forraje como por su valor ecosistémico a través del conocimiento de sus comunidades vegetales y del manejo del pastoreo de ganado para alcanzar la máxima eficiencia económica, social y ambiental.

VII. GANADERÍA SOSTENIBLE

En los últimos años han aparecido diversas denominaciones para referirse a la producción responsable de ganado bovino y por ende de carne y derivados. El término sostenible engloba todos esos eufemismos porque es una definición universal, como se explicó en el acápite de "Sostenibilidad y conservación".

* Ganadería **regenerativa** es ganadería sostenible ya que ambas tienen las mismas características en cuanto a la regeneración de suelos y al pastoreo controlado.
* Ganadería **ecológica** es sostenible porque está ligada a la relación del ganado con su ambiente al desarrollar prácticas ganaderas adaptadas a su ecosistema.
* Ganadería **holística** es sostenible porque concibe la realidad como un todo, distinto de la suma de las partes que lo componen.
* Ganadería **biomimética** es sostenible porque aplica soluciones procedentes de la naturaleza a través de la Adaptación basada en Ecosistemas (AbE) y las Soluciones basadas en la Naturaleza (SbN).

Debe tomarse en cuenta, además, como ya se explicó más arriba, que la ganadería sostenible es sustentable porque ambas palabras son sinónimas.

¿Qué es Ganadería Sostenible?

Es producir ganado en forma rentable en base a pastoreo controlado, adaptación al ecosistema y gestión de suelos y agua.

Consiste en una adaptación al ecosistema de predios rentables (pequeños, medianos y grandes) que ya aplican las Buenas Prácticas Ganaderas y el pastoreo controlado y en la adopción de BPG de ganaderos extractivistas y progresistas (comunitarios y pequeños, medianos y grandes).

Este proceso tiene cinco etapas que se grafican a continuación:

Gráfico 5. Los cinco componentes para alcanzar la Ganadería Sostenible

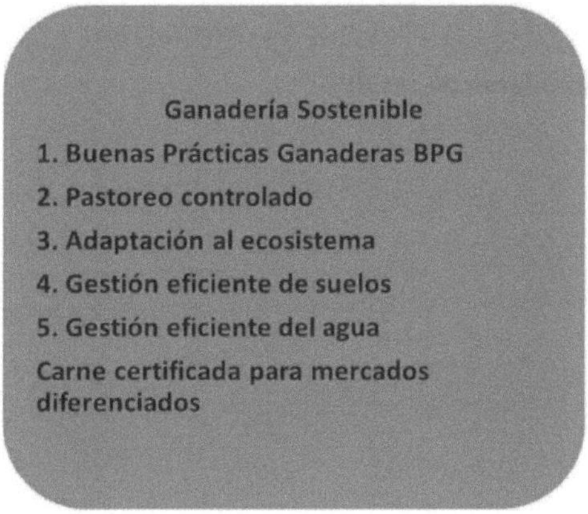

Buenas Prácticas Ganaderas (BPG)

Son actividades fundamentales que debe cumplir una instalación ganadera que ya cuenta con la infraestructura necesaria. Las BPG son un requisito básico para desarrollar una Ganadería Sostenible ya que ésta es un paso más que complementa las BPG con prácticas integrales de sostenibilidad.

La promoción de BPG en el departamento de Santa Cruz, que es aplicable a todos los predios ganaderos de las tierras bajas de Bolivia, es un proyecto de la Gobernación que se implementa desde el año 2011 como parte del "Mejoramiento de las Buenas Prácticas Pecuarias en el Departamento" (BPP) en coordinación con el SENASAG. En base a este proyecto se conformó la Mesa Boliviana de Carne Sostenible (MBCS), que actualmente se encuentra en organización, en coordinación con la Mesa Redonda Global para la Carne Sostenible (GRSB por sus siglas en inglés).

Existen muchos manuales que describen las BPG tanto en Bolivia como en otros países y entidades como la FAO y el IICA. Un manual de manejo de ganado muy valioso en los Llanos de Moxos, aplicable al Pantanal, es el calendario de Estancias Espíritu que es publicado cada año de junio a julio[109].

---

[109] Calendario Ganadero Beniano. Guía práctica para el ganadero. www.estancias-espiritu.com.

El manual propuesto por la Gobernación del departamento de Santa Cruz (Gobierno Autónomo Departamental de Santa Cruz, 2012) establece que las BPG deben basarse en el cumplimiento de ocho pilares:

Gráfico 6. Los ocho pilares de las BPG

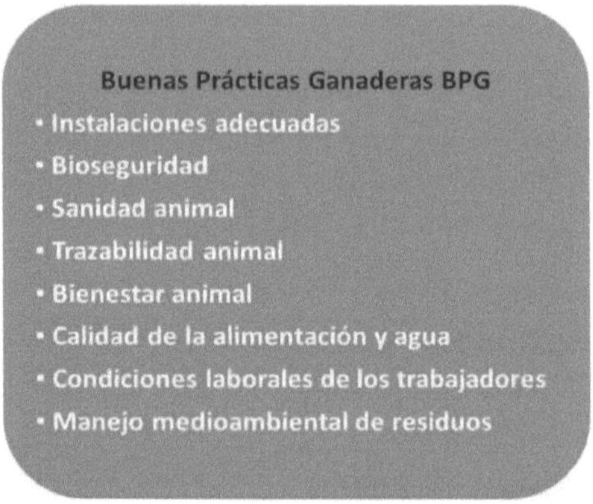

Buenas Prácticas Ganaderas BPG

- Instalaciones adecuadas
- Bioseguridad
- Sanidad animal
- Trazabilidad animal
- Bienestar animal
- Calidad de la alimentación y agua
- Condiciones laborales de los trabajadores
- Manejo medioambiental de residuos

Fuente: Manual de Buenas Prácticas Ganaderas. Gobierno Autónomo Departamental de Santa Cruz, 2012.

Como componente de este proyecto se diseñó el Manual de Buenas Prácticas Ganaderas para implementar predios pecuarios bajo las características particulares de la realidad del departamento de Santa Cruz, que son similares a las de todas las tierras bajas del país. Hasta ahora el proyecto ha avanzado lentamente certificando un poco más de 100 propiedades de las más de 30.000 que existen sólo en el departamento de Santa Cruz[110].

La certificación de cumplimiento de BPG es requisito para que un predio provea de ganado a los frigoríficos autorizados a exportar. Es necesario ampliar cada vez más el número de predios que aplican BPG para modernizar la ganadería nacional de tierras bajas, dar un paso significativo hacia una Ganadería Sostenible y producir carne de forma responsable.

La generalizada promoción actual de bonos verdes, sociales y sostenibles para financiar productos de crédito bajo estándares internacionales que coadyuven al desarrollo sostenible del país, debe ser encaminada y aprovechada para el apoyo a ganaderos que no cuentan con recursos para implementar el primer paso del proceso hacia la Ganadería Sostenible, que son las BPG.

---

[110] Existen muchos más predios, como los del grupo CREA, que cumplen con BPG, aunque no cuenten con certificados del proyecto.

Pastoreo controlado

Todo predio agropecuario con viabilidad económica se sustenta en la producción de pasto porque es el alimento más económico que se puede ofrecer al ganado, recogido por él mismo. Este recurso básico debe cuidarse adecuando la carga animal a la disponibilidad de forraje en cada época para evitar el sobrepastoreo, que es el origen de todos los males en una pradera.

El pastoreo controlado consiste en supervisar el consumo de forraje del ganado impidiendo que lo desperdicie o consuma en exceso (sobrepastoreo), trasladándolo constantemente dentro de un potrero de dimensiones adecuadas, lo que permite mantener el potrero con una oferta uniforme de forraje. Para esto deben establecerse potreros con pastos adecuados (naturales o cultivados) y con alambradas fijas o eléctricas en los que se introduce el ganado siguiendo un plan de movimiento en pastoreo en base a las distintas edades en el hato (categorías).

El pastoreo continuo o *práctica de no manejo* o de ganado vagando que se practica en las tierras bajas de Bolivia con más de 6 millones de cabezas, además de ser inaceptable desde el punto social y económico, deberá ser algún día considerado un crimen ecológico.

El proceso de transición hacia el pastoreo controlado debe ir desde el pastoreo continuo al rotatorio y de éste al racional, que es el sistema más eficiente para el aumento de rendimiento de la pastura[111]. Consiste en la aplicación de periodos cortos de pastoreo para que el ganado no consuma los rebrotes, y periodos de descanso suficientemente largos para que el pasto acumule reservas y rebrote vigorosamente. Los tiempos de reposo deben adecuarse a las características climáticas de cada lugar porque los vegetales tienen ritmos desiguales de crecimiento durante las estaciones del año.

El pastoreo racional es la aplicación de leyes y fundamentos basados en la dinámica del suelo, la fisiología de los pastos y los requerimientos del animal, a través de los cuales es el hombre quien gobierna el manejo pastoril, siendo responsable de la calidad de las pasturas y de disponer de una oferta forrajera de calidad. Para esto el pastor debe capacitarse y practicar, aprender acerca

---

[111] Como ya se mencionó, el manejo racional de pasturas fue creado por el fisiólogo francés André Voisin (1903-1964) a mediados del siglo pasado y esta forma de pastoreo racional se denomina Pastoreo Racional Voisin (PRV).

de los pastos de que dispone (especialmente en praderas naturales donde debe decidir en qué lugares se instalan potreros móviles), identificar las variedades adecuadas al suelo (en lugares donde se siembra el forraje), observando su comportamiento y entendiendo la fisiología de la planta. Es decir, debe conocer las necesidades nutricionales de los animales, la calidad y cantidad de pasto disponible en cada parcela, y las condiciones climáticas y del suelo para tomar decisiones informadas

Los beneficios del pastoreo racional son múltiples. Por un lado, se mejora la calidad y cantidad de pasto disponible para el ganado, lo que se traduce en una mejor nutrición y salud de los animales y en una mayor carga animal. Por otro lado, se reduce la necesidad de insumos externos como suplementos alimenticios y fertilizantes, lo que se traduce en un ahorro económico y una menor huella ambiental. Además, el pastoreo racional contribuye a la conservación de los recursos naturales, ya que al rotar el ganado y permitir la regeneración del pasto se evita la erosión del suelo, se mejora la infiltración del agua y se aumenta la biodiversidad.

Adaptación basada en Ecosistemas (AbE)

El marco agroecológico (el ecosistema) limita las posibilidades de un predio agropecuario, su aptitud, las alternativas viables y sus restricciones (definidas en los POP). Combinando estos factores podemos establecer una meta, una Adaptación basada en el Ecosistema (AbE) para evitar la implementación de una ganadería moderna sin tener en cuenta las condiciones naturales, además de su integración con la agricultura y con el ambiente económico – social (De la Colina A. J., 2005).

La AbE consiste en adecuarse a las características de la ecorregión para aprovechar sus servicios ecosistémicos. Si éstas características han sido afectadas deben recuperarse reconstruyendo sus funciones.

En la sabana inundable consiste en utilizar la pradera natural que ya existe, conocerla y manejarla. Si ha sido afectada por perturbaciones como el fuego, el sobrepastoreo u otras, debe recuperarse con prácticas regenerativas.

En áreas de bosques deforestados consiste en reforestar para restaurar en lo posible el estado original del ecosistema a través de sistemas silvopastoriles y cadenas boscosas. En ambos casos de sabana inundable y áreas deforestadas, ante la fragmentación de bosques, debe tomarse en cuenta la necesidad de restablecer los corredores ecológicos y la conectividad. Estos corredores ecológicos implican el conocimiento de la fauna y la reducción de conflictos con ésta a través de prácticas centradas en la supervisión del ganado a través del pastoreo controlado.

Para reducir el conflicto con la fauna carnívora, que en la sabana inundable está representada por diferentes félidos[112], de los cuales sólo el jaguar (*Panthera onca*) y el puma (*Puma concolor*) son los que atacan al ganado (los demás son de pequeño porte), es necesario inculcar conocimientos sobre su aporte al ecosistema para reducir su cacería y eliminar por parte del humano el consumo de animales silvestres que son su alimento. La disminución de oferta de carne silvestre inclina a jaguares y pumas a atacar al ganado. La ausencia de estos carnívoros ocasiona el incremento de depredadores medianos que ejercen una mayor presión sobre la vegetación y sobre otros animales alterando el crecimiento y estructura de bosques y praderas[113] (Banegas L., 2016).

En la sabana inundable debe haber también un mayor conocimiento de los bosques aislados llamados islas cuyo desarrollo es resultado de una interacción de diversas especies. Son reductos de servicios ecosistémicos que en algunas áreas de los Llanos de Moxos incluyen especies valiosas como el cacao silvestre. Deben ser conocidos y protegidos en base a su funcionalidad.

Las áreas boscosas sin pisoteo de arbustos por parte de animales pesados o numerosos pueden convertirse en áreas de matorrales sin especies arbóreas, como ha ocurrido con las cortinas rompeviento del Bosque Chiquitano. El manejo del ganado con pastoreo controlado puede reducir su presencia en islas de bosque donde su pisoteo de matorrales dinamiza el crecimiento de especies arbóreas. Es por eso importante que exista un tráfico de animales de gran porte en los bosques (entre los que sobresale el anta o tapir amazónico, *Tapirus terrestris*, que llega a pesar 300 Kg[114] y está clasificado como especie amenazada por la destrucción de su hábitat) y en gran número, como los

---

112 La palabra félidos incluye a todos los gatos de monte, al puma y al jaguar. Cuando usamos el término felinos, solo incluye a los gatos pequeños, y al puma. Se excluye al jaguar por ser más emparentado con los tigres y los leones africanos que con los gatos silvestres.

113 El jaguar es un indicador clave para evaluar la calidad del hábitat y está extinto en varios países, quedando sólo el 46% de su área de distribución histórica. En Bolivia se considera una especie vulnerable con una densidad de 2,2 a 2,8 individuos por 100 Km2 y un nivel de presencia de sólo 3,57%. Deambula en áreas grandes de 25 a 90 Km2.

114 Comparativamente, un jaguar no pesa más de 120 Kg.

chanchos de tropa (Tayassu pecari), que se desplazan en manadas de más de 200 animales. Por estas funciones de pisoteo y por ser consumidores y distribuidores de semillas, se dice que estos animales cumplen funciones de "ingenieros ecológicos" (WCS, 2021). Conocer sus servicios ecológicos y aprovecharlos a través de una gestión sostenible es una forma de adaptarse al ecosistema.

El objetivo de la AbE es reducir la vulnerabilidad y aumentar la resiliencia de los ecosistemas y de las poblaciones a través de la gestión sostenible, la conservación y la restauración de ecosistemas. Las ventajas que logra la Ganadería Sostenible a través de la gestión sostenible, la conservación y la restauración se describen en el gráfico 6.

Gráfico 7. Gestión sostenible, conservación y restauración aplicando prácticas de Ganadería Sostenible adaptada al ecosistema

Fuente: GIZ – AKUT, 2022.

Gestión eficiente de suelos

La Ganadería Sostenible pone especial énfasis en la gestión y el mejoramiento permanente de los suelos, responsables finales de la fertilidad y el mantenimiento de la capacidad productiva, a través de diversas acciones que se describen más abajo en la guía. El suelo es uno de los activos principales en un emprendimiento agropecuario y esto implica que todo productor agropecuario debe mejorarlo, protegerlo y conservarlo. Ningún productor eficiente adopta prácticas que vayan en detrimento del suelo de su predio. El valor de la tierra en el mercado dependerá cada vez más de las características de los suelos, independientemente de aspectos de infraestructura y otros. El suelo es un recurso natural y quitarle su fertilidad debería ser considerado un delito porque su degradación puede ser motivo de migraciones y de frustraciones masivas (Consultoría André Sorio, 2023).

La degradación de los suelos es la pérdida progresiva de su capacidad productiva debido a la erosión, pérdida de fertilidad, contaminación, salinización y compactación. Para prevenirla se requieren políticas públicas que permitan financiar investigaciones en cada ecorregión. La degradación del suelo en Bolivia se encuentra por encima del 51%, comparada con la de América Latina que es de un 15% y a la de nivel mundial que alcanza al 33%[115]. Esta degradación reduce las capacidades del suelo para brindar servicios ecosistémicos de vital importancia para la agropecuaria, como la regulación del ciclo hidrológico y del clima y los ciclos de nutrientes (Zhang et al. 2007).

La tasa de pérdida es mayor que la tasa de formación del suelo, en vista de que se requieren 2.000 años para formar 10 centímetros de capa superior de suelo y cada año se pierden 75.000 millones de toneladas de suelo a nivel mundial, debido a la acción antrópica (Heinrich Böll Foundation e IASS 2015).

La producción pecuaria deberá estar asociada a los elementos vivos del suelo y no ser su parásito. A mayor actividad biológica es más rico el suelo, más productivo el pasto y más sanos y pesados los animales que lo pastorean.

El potencial de secuestro de carbono del suelo se incrementa en la medida en que aumenta el contenido de materia orgánica, que depende en gran parte de factores asociados a su gestión y manejo. La materia orgánica del suelo es el conjunto de compuestos heterogéneos con base de carbono, formados por la acumulación de materiales de origen animal y vegetal en continuo estado de descomposición, que es lo que convierte al suelo en un ente vivo (IICA y CATIE 2016).

La mejora de las prácticas de gestión de pastizales en el pastoreo de animales puede potenciar la capacidad de los suelos para actuar como sumideros de carbono. Para esto se necesitan incentivos que motiven a manejar con precisión las reservas y cambios de carbono en el suelo. La mayoría de los

---

[115] Congreso Boliviano de la Ciencia del Suelo. Santa Cruz, 2023.

pastizales del mundo tienen un balance de carbono positivo y esto debe mantenerse a través de prácticas que promuevan la protección del forraje natural, la captura de carbono en el suelo manteniéndolo siempre cubierto y la salvaguarda del carbono en suelos de pastizales naturales (FAO, 2023).

Gestión eficiente de agua

La gestión eficiente de agua a través de diversas acciones conduce a consolidar la seguridad hídrica, que consiste en tener acceso a la disponibilidad de agua que sea adecuada, en cantidad y calidad, para el abastecimiento humano, los usos de subsistencia, la protección de los ecosistemas y la producción.

En el mundo el 96% del agua utilizable es subterránea y sólo el 4% está disponible en la superficie. En total sólo el 0,031% está disponible para consumo. 23% del agua del mundo está en América del sur. América Central y del sur consumen sólo el 5% del agua del planeta (Consultoría Pecuaria On Line. André Sorio 2024).

La ganadería tiene una significativa huella hídrica, por lo que la mejora de la eficiencia de uso a través del sistema de producción es un importante elemento para asegurar el acceso a fuentes de agua limpia. Además, la ganadería utiliza insumos que se acumulan en las aguas residuales y contaminan los cuerpos de agua, como agroquímicos, suplementos nutricionales, hormonales y antibióticos, etc. Un uso más productivo y sostenible de los recursos de agua dulce y aguas pluviales en la agropecuaria, que es la mayor usuaria mundial con más del 70% de las extracciones de agua en todo el mundo, permitirá alcanzar el reto de la seguridad hídrica (GIZ – AKUT, 2022).

Sin embargo, la huella hídrica de la ganadería suele ser un tema mitificado y sobredimensionado a través de especulaciones frecuentes que afirman que para producir un Kg de carne se requieren de 15.000 a 20.000 lt de agua. En diversas investigaciones y cálculos se ha determinado que para producir un Kg de carne se requieren 100 lt de agua (Consultoría Pecuaria Online, 2024). Además, debe tenerse en cuenta que el agua bebida por el ganado no desaparece del planeta, sino que se recicla a través de la orina y el estiércol que van al suelo y de ahí retorna a la atmósfera en la transpiración de las plantas. También se recicla en procesos de respiración y traspiración del animal por los que también vuelve a la atmósfera. Es un proceso de reciclaje.

El agua es una de las vías más frecuentes de ingesta de parásitos internos por el ganado y en la sabana inundable este es un problema latente al compartir el ganado las fuentes de agua con una gran diversidad de fauna terrestre, aérea y acuática. Por eso uno de los problemas más serios en esta ecorregión es la invasión de parásitos intestinales que ocasionan cuantiosas pérdidas y que obligan al uso de antiparasitarios que impactan negativamente en la biocenosis del suelo.

El agua que toma el ganado debería ser la misma del consumo humano pero las inversiones en sistemas de distribución de agua bombeada desde atajados y estanques a tanques elevados en los que se pueda tratar el agua para reducir la ingesta de parásitos internos, son difíciles de implementar en praderas naturales de distribución aleatoria. Es por esto que la sustitución de antiparasitarios por productos que no dañen la fauna del suelo (escarabajos, lombrices, gusanos, hongos, bacterias) es una tarea constante y merece ser atendida con investigaciones locales.

En Bolivia, el 70% del consumo del agua se destina a la producción agrícola y ganadera, 20% en la producción industrial y 10% en el ámbito doméstico (GIZ – AKUT, 2022). Pese a las inundaciones estacionales, la sabana inundable enfrenta anualmente una estación seca de 6 a 7 meses que ocasiona un cambio total de paisaje y de actividades al reducir en forma sustancial la disponibilidad de agua en la región.

Para contribuir al objetivo de alcanzar una seguridad hídrica en la producción pecuaria de la sabana inundable, se deben adoptar medidas de gestión como:

- Pastoreo controlado, con instalación de cercas temporales que permitan el acceso del ganado a abrevaderos naturales, a estanques adecuadamente construidos y mantenidos o a atajados en los cursos de cañadas o arroyos cuando no sea posible invertir en sistemas de bombeo, tratamiento de agua y distribución en bebederos móviles.
- Mantenimiento adecuado de estanques para evitar la contaminación y el desmoronamiento de orillas.

Ganadería ecológica en las sabanas inundables de Bolivia

- Mantenimiento de canales y cursos de agua que pueden colmatarse por el arrastre de partículas de suelo y hojarasca.
- Conocimiento de la cuenca a la que pertenece un predio para saber el origen y curso de los flujos de agua.
- Aplicación de Buenas Prácticas Ganaderas, que entre sus 8 criterios básicos están la calidad del agua para consumo bovino y la gestión de residuos de los establecimientos ganaderos.

¿Qué falta para alcanzar una certificación de ganadería sostenible?

En la figura 5 se definen las diferentes modalidades de ganadería encontradas en la pecuaria bovina de las tierras bajas de Bolivia.

La **modalidad de subsistencia** es en realidad una adaptación de grupos de agricultores migrantes de las zonas altas de valles y altiplano al apoyo circunstancial del gobierno con aportes de ganado ante la ausencia de extensión agrícola. El ganado es para estos grupos una forma de ahorrar recursos para alguna eventualidad, pero ellos son básicamente agricultores, especialmente en la Chiquitanía y en algunas zonas de los Llanos de Moxos. Son ganaderos de paso que esperan consolidar su producción agrícola (producción de chía[116], maíz y arroz para consumo, papaya, entre otros) para dejar de tener vacas.

A los ganaderos de las **modalidades extractivas y progresistas,** que son las dominantes en las sabanas inundables, les falta cumplir los requisitos de las BPG y en este proceso deben ser ayudados con asistencia técnica y créditos apropiados. Una vez alcanzado el cumplimiento de las BPG podrán seguir el resto del proceso de cinco componentes (gráfico 4). Dada la gran promoción de iniciativas verdes para mitigar el cambio climático, es necesario aprovechar la oferta de fondos con bajo interés y largo plazo para que los grupos con menos posibilidades de inversión cumplan el primer requisito de los cinco componentes de la Ganadería Sostenible.

A los ganaderos de la **modalidad rentable** que son los emprendimientos mejor administrados en los que resaltan los de los grupos CREA y que van apareciendo cada vez más en la sabana inundable, les falta adaptarse al ecosistema. En los ecosistemas de bosque seco y chaco deben adaptar la ganadería a la reposición de especies arbóreas a través de sistemas

---

[116] Bolivia es el segundo exportador mundial de semillas de chía (*Salvia hispánica*).

silvopastoriles y cadenas boscosas diferentes a las que hoy existen porque las que se usan actualmente son un fracaso (GIZ – AKUT, 2022). En el ecosistema de sabana inundable deben adaptarse al ecosistema a través del conocimiento de las comunidades vegetales que sirven como forraje nativo y de las que brindan servicios de servidumbre ecológica. Para esto debe haber mayor asistencia técnica y demostrarse la factibilidad económica de sistemas integrales ganadero forestales y de sistemas basados en forraje natural para acceder a créditos adecuados. Esta adaptación permitiría incluso obtener una declaración ambiental de huella de carbono negativo (cuando una actividad va más allá de la neutralidad de carbono al eliminar más CO2 del que emite) [117].

Los ganaderos de la **modalidad sostenible** no existen todavía en Bolivia porque no se ha elaborado un sistema de certificación aprobado que debe estar coordinado con la Mesa Boliviana de Carne Sostenible (MBCS) que a su vez sigue los lineamientos de la Mesa Global de Carne Sostenible (GRSB por sus siglas en inglés[118]). El objetivo que debe alcanzar la ganadería sostenible es la obtención de certificados internacionalmente avalados que permitan acceder a mercados diferenciados que valoren la producción sostenible de ganado.

---

[117] En la sabana inundable ya existen estancias que podrían acceder a una declaración ambiental de huella de carbono negativo si existiera alguna entidad que la otorgue.
[118] Global Roundtable of Sustainable Beef. https://wa.grsbeef.org/

VIII. GUÍA PARA LA APLICACIÓN DE PRÁCTICAS DE GANADERÍA SOSTENIBLE

Se recomienda la siguiente guía de aplicación de prácticas de Ganadería Sostenible que es un proceso concreto de actividades hasta alcanzar una certificación que permita que sus productos sean comercializados en mercados diferenciados.

La guía está basada en el "Estudio de Ganadería Sostenible en las cuencas San Martín y Paraguá y subcuenca Zapocó"[119] del departamento de Santa Cruz - elaborada en los años 2022 y 2023 por la empresa AKUT PARTNER y la Corporación Alemana para la Cooperación Internacional (GIZ) - en el que el autor de este libro fue el coordinador principal. También se basa en la primera edición del presente libro que fue publicado el año 2012[120] y en otras consultorías para las que fue contratado el autor.

PASOS PARA ESTABLECER LA GANADERÍA SOSTENIBLE CON ADAPTACIÓN BASADA EN ECOSISTEMAS (AbE) EN LAS SABANAS INUNDABLES DE LOS LLANOS DE MOXOS Y EL PANTANAL

La producción ganadera actual en la sabana inundable ha sido hasta ahora amigable con el entorno biótico, pero enfrenta el desafío de mejorar sus índices productivos. Para alcanzar una mayor productividad de carne en la sabana inundable es necesario un cambio de mentalidad no sólo atendiendo al ecosistema sino a las características de las plantas nativas forrajeras, a las razas de ganado adaptadas al medio y a la relación entre el animal, el pasto y el suelo a través del pastoreo.

Los siguientes pasos describen las actividades ganaderas que deben aplicarse en un predio hasta alcanzar una certificación emitida por una entidad internacional con la que accederá a mercados diferenciados que dan mayor valor a la carne bovina producida en forma sostenible[121].

Como se presentó más arriba en este trabajo, la ganadería sostenible está basada en 5 componentes que son:

---

[119] https://www.bivica.org/file/view/id/6702 (Estudio) y https://www.bivica.org/file/view/id/6677 (Guía).

[120] https://www.amazon.com/Ganader%C3%ADa-ecol%C3%B3gica-sabanas-inundables-Bolivia/dp/3659021172.

[121] Tanto las BPG como la ganadería sostenible deben ser avaladas por entidades oficiales. Hay ganaderos que ya cumplen hace muchos años con las BPG, pero no cuentan con una confirmación oficial del cumplimiento de buenas prácticas. También existen ganaderos que según ellos practican Ganadería Sostenible, pero esto no ha sido comprobado por ninguna entidad oficial ni ha sido certificado.

Ganadería ecológica en las sabanas inundables de Bolivia

- Buenas Prácticas Ganaderas.
- Pastoreo controlado.
- Adaptación basada en Ecosistemas.
- Gestión de suelos.
- Gestión del agua.

Objetivo: carne certificada para mercados diferenciados.

PRIMER PASO:

Definir un sistema productivo en base a un diseño predial y el Plan de Ordenamiento Predial (POP)

a) El sistema productivo está compuesto por recursos técnicos y humanos. Con estos datos definir qué se produce (carne o leche) y cuál será la actividad entre:

- Cría (producción de terneros hasta los 8 meses de edad alcanzando un peso promedio de 200 Kg; relacionada también a la lechería);
- Recría (producción de torillos o vaquillas desde 8 a 18 meses de edad con eso promedio de 300 Kg.; relacionada también a la lechería).
- Engorde. Producción de novillos (torillos o toros castrados) o vacas descartadas desde 18 meses de edad a 26 meses. Peso promedio de 500 Kg.
- Cabaña de alta genética. Producción de reproductores como toros, vacas, semen y óvulos fecundados.

Las tres fases de cría, recría y engorde se completan en un período de 780 días[122].

b) Elaborar un mapa del predio definiendo las áreas de alto valor de conservación por ser servidumbres ecológicas:

---

[122] En alusión a la duración aproximada en días de las tres fases existe un método de producción llamado 777.

Figura 7. Ejemplo de plano predial incluido en el POP

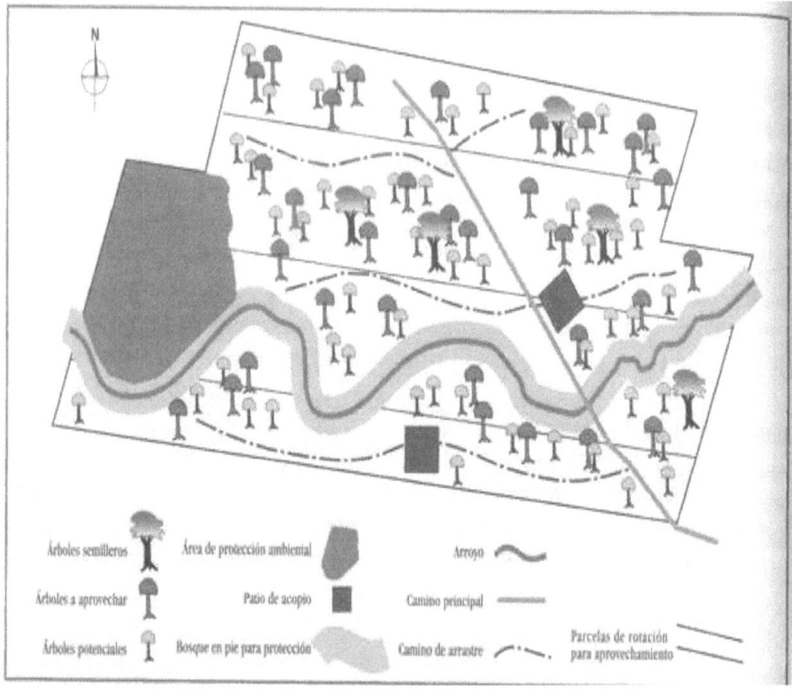

Fuente: Buenas Prácticas Ganaderas en el Pantanal Boliviano. FEGASACRUZ. WWF, 2015.

c) Elaborar el Plan de Ordenamiento Predial (POP)

Manual de Elaboración de Planes de Ordenamiento Predial de la ABT (edición de julio de 2020): Compendio de la normativa vigente para el procedimiento de evaluación, aprobación y monitoreo de los POP.

- Instrumento legal que zonifica las tierras de un predio según sus distintas capacidades de uso incluyendo los de protección al definir las servidumbres ecológicas.

- Debe ser monitoreado periódicamente y actualizado cada diez años.

Resultado verificable: documento de POP certificado por la ABT con definición de sistema productivo y plano predial.

SEGUNDO PASO:

Diseñar una estrategia de transición de prácticas tradicionales a BPG

Figura 8. Transición de ganadería tradicional a BPG

Fuente: GIZ – AKUT, 2022.

La transición de una ganadería de prácticas tradicionales a BPG implica la implementación de nuevas tecnologías que requieren inversiones. En tal sentido, la transición de la ganadería tradicional a otra que cumple con los 8 pilares de las BPG requiere de nuevas inversiones económicas.

La importancia del manual propuesto por la Gobernación del Departamento de Santa Cruz (Gobierno Autónomo Departamental de Santa Cruz, 2012) a través del Servicio Departamental Agropecuario, SEDACRUZ, en coordinación con el SENASAG, es que los productores que cumplen con los 8 pilares que establece el manual reciben una certificación conforme al decreto departamental Nº 145/2012 que les permite vender sus productos a frigoríficos de primera categoría y a plantas lecheras industriales.

Proceso para ser parte del programa

El productor debe enviar una carta de solicitud al SEDACRUZ de adhesión voluntaria; posteriormente se realizarán las siguientes actividades:

- Visita de diagnóstico del predio para evaluar los 8 pilares de las BPG.
- Subscripción del acuerdo sanitario entre el productor y los responsables del programa (este acuerdo formaliza los compromisos entre ambos ya que el productor recibirá todo el asesoramiento y asistencia técnica de

parte de la Gobernación y no debe abandonar el proceso hasta llegar a la certificación).

- Capacitación del personal que trabaja en el establecimiento respecto a los 8 pilares de las BPG.
- Visitas periódicas de monitoreo y verificación de cumplimiento del manual de BPG.
- Apoyo en la implementación de registros a través de la identificación de animales para la trazabilidad oficial.
- Evaluación final de cumplimiento de BPG.
- Certificación del establecimiento con BPG.

Resultado verificable: certificación de cumplimiento de las BPG emitido por SEDACRUZ.

TERCER PASO:

Instalar cercas eléctricas para ganado

Una cerca eléctrica es un sistema móvil en el que se usa un hilo de alambre o varios electrificados (cuando el ganado ya está familiarizado con el sistema se utilizan menos hilos, incluso puede electrificarse un solo hilo).

Desde un energizador que está conectado a tierra (que puede recibir energía a través de un panel solar), se envían impulsos de corriente eléctrica a lo largo del alambre de la cerca, aproximadamente un impulso por segundo.

Cuando el animal toca la cerca, completa el circuito que hay entre ésta y la tierra, por lo que recibe una descarga breve y fuerte, pero segura (voltaje mínimo de 4,000 voltios en el punto más extremo de la cerca. Una tensión menor que esta no tendrá ningún efecto en el ganado).

En la sabana inundable un sistema basado en el pastoreo controlado debe establecer potreros en sitios con forraje natural palatable en los que el ganado irá rotando. Se recomienda recorrer toda la estancia para conocer los lugares en los que hay comunidades vegetales con buenos pastos (como el arrocillo, las cañuelas, pasto alemán, pasto clavel, corchillo, maní silvestre etc. y otros que son palatables cuando están tiernos, como la paja toruna o la cola de ciervo) para establecer en ellos potreros móviles que se retiran una vez que el forraje natural ha sido consumido hasta un nivel que permita su recuperación.

Ganadería ecológica en las sabanas inundables de Bolivia

De esta forma se va aprovechando el pasto natural de toda la estancia trasladando cercas eléctricas y ganado.

Esta utilización de áreas de forraje natural en base a comunidades vegetales es una aplicación de la Adaptación basada en Ecosistemas (AbE).

Las categorías de ganado con mayores requerimientos nutricionales (novillos en engorde, vacas en lactancia) necesitan contar con más potreros. La cantidad de potreros varía conforme el periodo de reposo necesario para el forraje y el periodo planificado de ocupación del ganado.

El equipamiento básico del potrero que permita al ganadero gobernar el manejo pastoril es el siguiente:

- Alambradas fijas y eléctricas (postes vivos o inertes). Las alambradas eléctricas están conectadas a baterías que se recargan con paneles solares. El flujo de electricidad se controla a distancia. Se prefiere el uso de alambradas eléctricas sobre las fijas convencionales por su mayor flexibilidad para instalar en cualquier terreno y por su menor costo. Utilizan menos postes y pueden ser de madera menos resistente.
- Equipos de cerca eléctrica: rafia (hilo o cordel muy resistente y flexible), baterías, varillas, aisladores, piolines, paneles solares, control remoto.
- Control remoto y localizador de fallas que permite detectar rápidamente cualquier falla, lo que ahorra horas de búsqueda para solucionar el problema.

La figura 9 muestra estos elementos y el uso de hilo único.

Figura 9. Equipos de cerca eléctrica

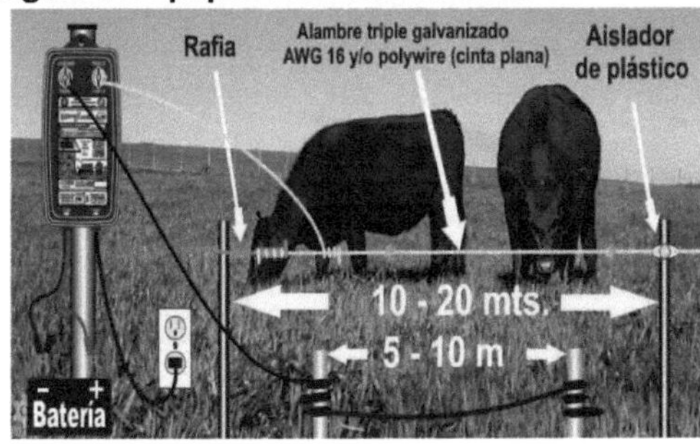

Hilo único que el ganado no traspasa

Ejemplo de elementos de una cerca eléctrica (Pinterest).

Para lograr el máximo rendimiento de las forrajeras naturales es imprescindible aplicar una adecuada carga animal en base al estado de las plantas en la pradera. Si el ganado se traslada con frecuencia se dará tiempo al forraje a reponerse del consumo y pisoteo. Muchas veces se le atribuye a la pradera natural una reducida capacidad de carga animal que se debe más a deficiencias de pastoreo que a limitaciones nutritivas del forraje.

Figura 10. Área de pastura natural dividida en potreros con cerca eléctrica

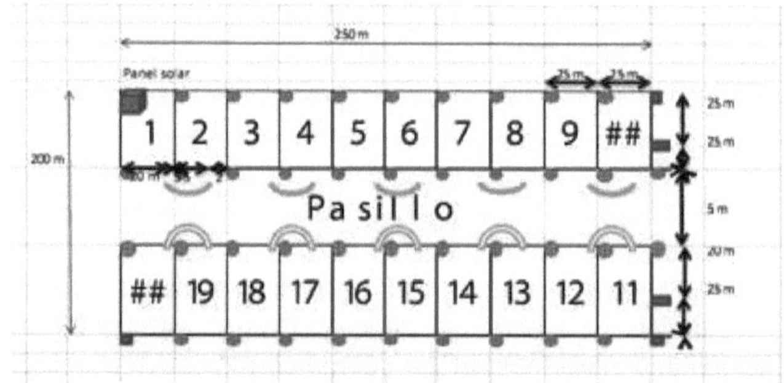

Potreros en los que se va moviendo la cerca eléctrica con pasillo central hacia abrevaderos
Fuente: www.infopastosyforrajes.com

La cerca eléctrica se va recorriendo para que el pasto sea comido en el momento adecuado, con ajustes en base a la carga animal y observación del consumo de pasto por el ganado, definiendo los períodos de reposo y de ocupación.

El ganado debe ser entrenado a recibir descargas eléctricas que sean lo suficientemente memorables como para que los animales nunca las olviden y por lo tanto respeten el alambre con solo verlo. Las cercas eléctricas son una barrera psicológica y física.

Hay muchas ofertas de vendedores de cercas eléctricas en Bolivia que incluyen un entrenamiento.

Resultado verificable: visita de técnicos de entidad certificadora que comprueban el uso de cercos eléctricos. Verifica el pastoreo viendo vaqueros recorriendo hilos eléctricos.

Ganadería ecológica en las sabanas inundables de Bolivia

CUARTO PASO:

Alimentación de ganado

En todas las ecorregiones la alimentación del ganado se compone de tres fuentes:

- Pastoreo directo
- Forraje conservado
- Suplementación nutricional

En la sabana inundable la alimentación del ganado deberá basarse en el pastoreo directo y el forraje conservado para tratar de alcanzar certificados de terminación de ganado a pasto, sin suplementación nutricional.

Pastoreo directo

Para definir cuánto ganado pastorea en un área determinada (carga animal) es necesario observar los resultados ajustando la carga animal en base a la velocidad de recuperación de la pradera y a la Ganancia Diaria de Peso (GDP) del animal.

Por ejemplo, en un potrero de una hectárea puede observarse el comportamiento del forraje con el pastoreo de una res adulta de aprox. 450 Kg de peso vivo (Unidad Animal UA). El potrero debe ser subdividido en franjas usando cercas eléctricas que se van moviendo a medida que el animal consume el pasto.

La Ganancia Diaria de Peso debe incrementarse cada día o mantenerse en las épocas de menor producción de forraje. En general, varía de 0,25 Kg en época seca a 0,8 Kg en época de lluvias.

Es muy necesario que un predio cuente con una balanza propia o de uso compartido entre vecinos para hacer seguimiento a la ganancia de peso de los animales e incluso para su venta sin tener que depender de lo que dispone el comprador por el aspecto exterior del animal.

También es posible y se recomienda el uso de cintas métricas diseñadas para estimar el peso de un animal; no son medidas exactas, pero pueden dar mejores pautas del desarrollo de los animales que el cálculo en base a conjeturas visuales.

La carga animal también se puede calcular tomando muestras de pasto en el potrero, cortando el forraje que cabe en un metro cuadrado. Se utiliza un cuadrado de plástico hecho de tubos Bergman para instalaciones eléctricas como el que se ve en la foto 1.

Foto 1. Cuadrado de 1 m de lado para tomar muestras de pasto como Materia Verde

Fuente: GIZ – AKUT, 2022.

Para calcular la carga animal, que es el número de animales (Unidades Animales) que pastorean por unidad de superficie en un tiempo determinado, debe tomarse en cuenta que 1 UA requiere 12 kg de Materia Seca (MS) de forraje por día (2,6% de su peso = 11,7 = 12 Kg). Cada mes requiere 12 Kg x 30 días = 360 Kg de MS. Cada año: 12 Kg x 365 días = 4.380 Kg de MS.

Se toman muestras de la cantidad de forraje en verde en un metro cuadrado en distintos puntos del potrero usando el cuadrado de tubos. En condiciones de campo no se dispone de medios para conocer a cuánta Materia Seca (MS) equivale un pasto verde recién cortado. Para hacer este ajuste se estima en general que en el trópico el pasto tiene un 75% de humedad (12 Kg tienen entonces el 25% de humedad).

Ganadería ecológica en las sabanas inundables de Bolivia

Con este dato, si 1 UA requiere 12 Kg de MS necesita entonces 48 Kg de Materia Verde (MV) por día (12 Kg/ 0,25 Kg = 48 Kg). Cada año 1 UA consume entonces 17.520 Kg de MV (48 Kg x 365 días).

En base a esto se calcula la capacidad de carga de un potrero que es la posibilidad que tiene de producción de forraje. Si cada año se requieren 17.520 Kg de MV para mantener 1 UA, el potrero de 1 ha tiene que tener esa posibilidad de producción = 1.752 Kg/m2/año.

El pastoreo controlado permite una producción constante de forraje cuidando el suelo para que un potrero no pierda su capacidad de carga. El sobrepastoreo, la sequía y el fuego, que dejan el suelo sin protección, son las principales amenazas para que un potrero pierda su capacidad de carga en los ecosistemas de tierras bajas. Existe entonces un punto óptimo de pastoreo adecuado en el que no se amenaza la sostenibilidad de la pradera y existe una ganancia de peso, como expresa la siguiente figura:

Figura 11. Punto óptimo de pastoreo

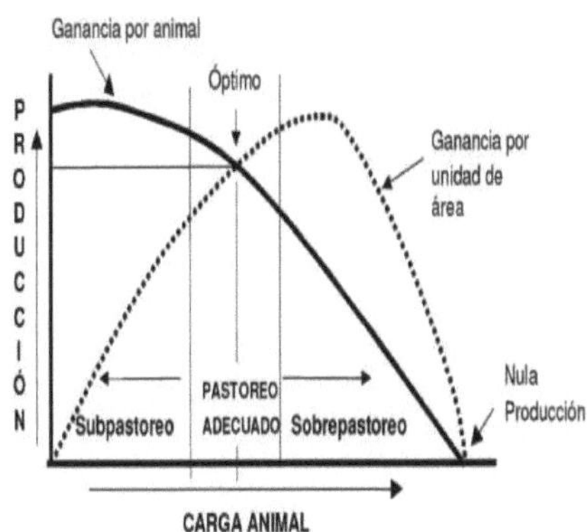

Fuente: GIZ – AKUT, 2022.

Conservación de forraje

Debe planificarse la conservación de forraje para que la reducción de Ganancia Diaria de Peso no amenace la rentabilidad. En la sabana inundable, a diferencia de otras ecorregiones, las épocas de menor producción de pasturas son dos y no sólo una: la sequía y la inundación. La conservación de forraje también es necesaria para enfrentar eventualmente la carencia de pastura quemada por incendios no controlados.

Pese a estos periodos de carencia de forraje, en la sabana inundable se practica muy poco su conservación y existen pocas experiencias para definir qué especies de la pradera natural son más apropiadas para conservar. Se recomienda que el ganadero haga diversas pruebas en base a la disponibilidad de forraje natural de su estancia.

Existen dos formas de conservar el forraje, la henificación (foto 2) y el ensilaje (foto 3). La henificación consiste en secar el forraje cortado para que las plantas se conserven al deshidratarse. En el ensilaje las plantas se conservan por fermentación en ausencia de oxígeno (fermentación anaeróbica que degrada la glucosa).

Se recomienda más la henificación que el ensilaje (para ensilar se requieren plantas más suculentas y de mayor porte[123]) en la ecorregión de la sabana inundable por ser más sencilla de practicar y requerir menos equipamiento e infraestructura. Y por estas mismas razones, se recomienda más henificar gramíneas que leguminosas al ser éstas más difíciles de secar.

Foto 2. Forraje henificado y enrollado

Fuente: fao.org.

---

[123] Como las cultivadas maralfalfa (*Pennisetum violaceum*), sorgo forrajero (*Sorghum vulgare*) o maíz *(Zea mays)*.

Ganadería ecológica en las sabanas inundables de Bolivia

Foto 3. Forraje picado para ensilar

Fuente: Proain.

Las especies nativas que por su volumen y contenido de proteína pueden dar buenos resultados al henificar son:

- Cañuela morada (*Hymenachne amplexicaulis*). Con 17,91% de proteína.
- Cañuela blanca (*Luziola peruviana*).
- Cañuela morada (*Acroceras zizanioides*).
- Pasto alemán (*Echinochloa polystachya*).
- Pasto clavel (*Hemarthria altissima*).
- Arrocillo (*Leersia hexandra*). Con 11,51% de proteína.
- Arrocillo (*Luziola subintegra*).
- Comes bebe (*Paspalum acuminatum*).
- Platanillo (*Echinodorus paniculatus). Alismatácea*, no gramínea, más frecuente en el Pantanal. Con 16,72% de proteína.

La alimentación del ganado en base a pastoreo y heno debe resultar en buenos índices zootécnicos, como peso al nacer y al destete, máximos porcentajes de tasas de preñez y de parición, y buena GDP (ver tabla de índices zootécnicos). Si no se alcanzan los parámetros adecuados debe corregirse la alimentación del ganado, especialmente en los casos de engorde o de vacas en lactancia.

Es muy importante el control de la Ganancia Diaria de Peso (GDP) de los animales desarrollados a pasto porque no se utiliza suplementación nutricional, especialmente en la época seca, de menor oferta de pasto, en la que los animales deben por lo menos mantener su peso.

El ganadero debe tomar en cuenta que, por ejemplo, para vender un ternero de 8 meses de edad (venta de destete) éste debe alcanzar un peso de 200 Kg, para lo que debe ganar cada día 800 gr de peso.

Es común en la ganadería de la sabana inundable dar al ganado sal mineralizada y se recomienda que ésta sea reforzada con una suplementación proteica y energética especialmente cuando las pasturas bajan su producción alimenticia debido a la estacionalidad y cambio de temporada.

El fósforo, calcio, hierro, sodio, magnesio, zinc, selenio, entre otros minerales, cumplen un papel importante en el proceso de reproducción bovina ya que fomentan el apetito y estimulan la formación ácidos grasos que son vitales en la formación de hormonas, como los estrógenos, que son los encargados de dar visibilidad a los signos que demuestran que las hembras están entrando en su periodo de celo o calor y son más receptivas sexualmente.

Resultados verificables: registros de índices zootécnicos y parámetros productivos.

QUINTO PASO:

Gestión de suelos

Se recomiendan las siguientes prácticas:

- Cumplir con los análisis de suelos que establece el manual del POP en el que se definen las variables con las que debe contar como mínimo (pág. 11)[124].
- Atender especialmente al contenido de fósforo (P) ya que es el principal indicador de la fertilidad de los suelos en la producción de bovinos al estar directamente relacionado con la fertilidad de los animales y la producción de carne. Si el contenido de fósforo (P) es bajo en los suelos del predio, es indispensable la suplementación de este elemento en la alimentación de los bovinos.

---

[124]La Fundación del Centro Tecnológico Agropecuario de Bolivia, CETABOL, cuenta en Santa Cruz con laboratorios de suelos que en el último tiempo han sido modernizados. También cuenta con estos servicios el CIAT en Santa Cruz.

- Análisis periódicos de suelos para conocer si cuenta con los elementos nutritivos necesarios para el adecuado desarrollo del forraje natural[125].
- Corregir acidez de suelos si los análisis muestran que es necesaria. El rango óptimo de pH para la implantación de pasturas y su respectivo establecimiento se encuentra entre 5,5 y 7,0 (un suelo es ácido con un nivel inferior de 5,5 de pH). En suelos con un valor bajo en pH, los nutrientes como el calcio, fósforo y magnesio están menos disponibles para la planta. En caso de que el pH del suelo se encuentre por debajo del mínimo, se deberán aplicar enmiendas para que las pasturas tengan un óptimo desarrollo y puedan expresar todo su potencial productivo. La enmienda más eficaz es la aplicación de calcáreos, cal agrícola, que es carbonato de calcio (CaCO3), a razón de 1 ton por ha para elevar 1 punto el pH. El aumento del pH favorecerá el desarrollo de microorganismos beneficiosos para el suelo, lo que a su vez promoverá un crecimiento más vigoroso de la pastura natural. Las lombrices son sensibles al pH bajo, pero responden favorablemente a la presencia de calcio.
- Mantener el suelo constantemente protegido de la radiación directa del sol y de la lluvia a través de cultivos de cobertura, rastrojo de cosechas anteriores o manejo adecuado de las pasturas. La erosión del suelo tanto por agua como por viento se debe a su desprotección ante estos impactos. El suelo debe conservar vegetación y cobertura de material vegetal permanentemente a través de forraje denso (absorben carbono), de rastrojos y de estiércol (protegen de la erosión y la evaporación).
- Atender los flujos de agua naturales de un predio que afectan al suelo corrigiendo las cárcavas y zanjas producidas por corrientes de agua y viento. Al planificar la construcción de potreros deben tenerse en cuenta los flujos naturales de agua. Por lo general, la erosión hídrica es producto de un mal manejo de los cauces naturales de agua del terreno, lo que produce pérdidas tanto de agua como de suelo.
- Verificar que exista una diversificación de especies forrajeras en el mismo espacio, aprovechando esta característica de la pradera natural.
- Manejar el ganado a través del pastoreo controlado para que sus deyecciones fertilicen el suelo distribuyéndose en todo el potrero.

---

[125] Para la toma de muestras de suelos existen demostraciones en videos de internet. También se hallan recomendaciones en el sitio de CETABOL http://www.cetabol.bo/sitio/.

Verificar que un número adecuado de cabezas pastoree como para fertilizar y resembrar el potrero a través del estiércol.
- Manejar los suelos utilizando manuales de buenas prácticas[126].
- Proteger la salud del bioma del suelo evitando el uso de agroquímicos o antiparasitarios[127] que eliminan o debilitan la microfauna (bacterias, hongos, nematodos e insectos), responsables de la estructura del suelo y de proveer los nutrientes necesarios a las plantas, y utilizando agua limpia en abrevaderos para reducir los parásitos.
- El productor debe observar permanentemente los campos para conocer su estado de conservación. La presencia de termiteros y malezas en potreros son indicadores de su mal manejo por excesiva carga animal que ocasiona compactación. Los costos de recuperación de estos suelos son altos y mucho más cuando no se observan ni malezas debido al excesivo pisoteo del ganado que influye directamente en el estado de las plantas e indirectamente a través de la compactación del suelo.
- En lugares con suelos alcalinos éstos retienen los coloides, impidiendo la correcta liberación para la planta, por lo que debe conocerse el pH.
- Realizar al menos una vez al año el muestreo de suelo para mantener registros.

Tomar en cuenta que las características de un suelo fértil para una adecuada productividad son las siguientes:

- Tiene consistencia y profundidad que permiten un buen desarrollo y fijación de las raíces
- Contiene los nutrientes que la vegetación necesita
- Es capaz de absorber y retener el agua, conservándola disponible para que las plantas la utilicen
- Está suficientemente aireado
- No contiene sustancias tóxicas

---

[126] Como por ejemplo la "Guía de buenas prácticas para la gestión y uso sostenible de los suelos en áreas rurales" de la FAO, 2018, o la Guía de Buenas Prácticas para el uso eficiente de correctivos de suelos y fertilizantes de la ONG Solidaridad.

[127] Este es un problema particularmente difícil en la sabana inundable debido a la infesta de parásitos internos por el ganado, al usar abrevaderos de atajados y estanques que comparte con una diversidad de fauna terrestre, aérea y acuática, que obligan a su eliminación usando antiparasitarios.

Ganadería ecológica en las sabanas inundables de Bolivia

También tomar en cuenta que las mayores amenazas que alteran las características de un suelo fértil son:

- Erosión hídrica y eólica
- Incendios de la vegetación
- Deficiente reposición de nutrientes
- Sobrepastoreo por pisoteo que compacta el suelo

Resultados verificables: documentos de análisis de suelos de laboratorios acreditados. Verificación en visitas de campo de la presencia de microfauna en el suelo. Verificación de la inexistencia de cárcavas y zanjas.

SEXTO PASO:

Gestión de agua

Se recomiendan las siguientes prácticas:

- Definir los lugares para construir abrevaderos, atajados y estanques (figura 12) (al hacer estanques se dispone de material para atajados y para terraplenes en los que se refugia el ganado durante las inundaciones).
- En lo posible, es necesario invertir en sistemas de distribución de agua bombeada desde atajados y estanques a tanques elevados en los que se pueda tratar el agua para reducir la ingesta de parásitos internos. Desde estos tanques se distribuye el agua a través de mangueras en bebederos movibles (foto 4)[128]. Uno de los problemas más serios de la ganadería en la sabana inundable es la invasión de parásitos intestinales que ocasionan cuantiosas pérdidas y que obligan al uso de antiparasitarios que causan diversos impactos sobre la fauna del suelo.
- Ante la imposibilidad de muchas estancias para invertir en sistemas de distribución de agua, se recomienda el mantenimiento adecuado de estanques para reducir su contaminación y el deterioro de sus orillas. El ganado debe acceder por las orillas con declive. Las orillas sin inclinación deben ser protegidas con alambradas evitando el acceso del ganado (figura 12).

---

[128] Una práctica cada vez más extendida en ganaderías con pastoreo controlado en estancias de Colombia tanto para velar por el uso eficiente del agua como por su calidad sanitaria.

- En atajados o aguadas el pastor debe evitar aglomeraciones y acumulación de estiércol en las orillas.
- Al haber sistemas adecuados de distribución de agua en todos los potreros se controla mejor el consumo y se impide que el ganado entre a los bebederos.
- Para un manejo eficiente de agua es necesario tomar en cuenta que:
  - los bovinos no toman agua de noche por una reacción evolutiva de prevención de predadores;
  - durante el pastoreo toman agua porque ingieren mayor materia seca y no hay temor a predadores;
  - toman mejor en bebederos que en lagunas, aguadas, estanques etc.;
  - toman menos cuando el agua está fría. El agua fría mata bacterias y disminuye la fermentación entérica necesitando el animal más energía;
  - debe haber sombra cerca porque suelen tomar agua e irse a la sombra;
  - los animales con acceso a forraje suculento como algunas ciperáceas consumen menos agua.
  - el consumo diario de una res de 500 Kg de peso vivo varía de 78 a 100 lt[129].
- El pastor debe facilitar el acceso de todos los animales a los bebederos porque los dominantes no dejan tomar.
- También debe evitar el desperdicio de estiércol en áreas de espera de bebederos, evitando que el ganado permanezca mucho tiempo en área social (zona de bebederos).

---

[129] Consultoría pecuaria On Line. André Sorio 2024.

Figura 12. Estanques con declives de taludes laterales. El de arriba con reducida infiltración

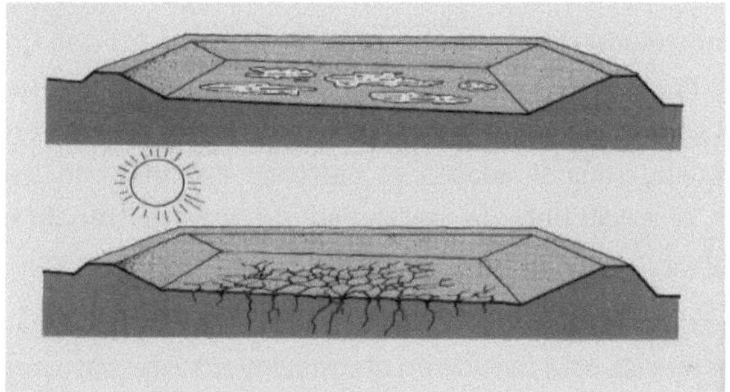

Fuente: Hoyam Moxos.

Foto 4. Bebederos movibles

Fuente: Villegas F. y Rúa N. (Colombia), 2021.

Resultados verificables: Verificación en visitas de campo del estado de estanques, aguadas y atajados. Verificación de las fuentes de agua disponibles para el ganado. Verificación de la inexistencia de cárcavas y zanjas por mala conducción y desperdicio de agua.

SÉPTIMO PASO:

Adiestramiento del personal

El pastoreo controlado requiere destrezas diferentes a las que no es fácil que el personal de la ganadería tradicional se adapte. Consiste en una supervisión constante del ganado, la pastura y el suelo para la que el ganadero debe estar entrenado, mucho más si adopta el pastoreo racional con uso de cercas eléctricas. Es precisamente la necesidad de este entrenamiento el que complica la difusión del pastoreo racional.

La difusión y consolidación de la Ganadería Sostenible entre ganaderos y el personal de estancias está basada en el conocimiento del pastoreo controlado y otras prácticas como:

- Pastoreo Racional Voisin y manejo de su equipamiento.
- Conocimiento de las comunidades vegetales de la sabana inundable.
- Conservación de forraje como heno o ensilaje.
- Prevención y manejo de incendios.
- Conocimiento sobre la reducción de conflictos con fauna.
- Gestión administrativa.

Para esto se recomiendan las siguientes acciones:

- Buscar en la región vaqueros y ganaderos con experiencia en el manejo del PRV para aprender la instalación y manejo de cercas eléctricas y la adecuada observación del estado del forraje, el ganado y el suelo. Se difunden permanentemente seminarios y exposiciones virtuales sobre PRV a los que deben procurar suscribirse. Un ganadero debe conocer y relacionarse con los proveedores de equipos para pastoreo racional en la región.
- Buscar en la región de cada predio o comunidad ganaderos con experiencia en la conservación de forrajes para aprender de ellos. En internet existen muchos videos a través de los cuales se aprende la forma correcta de henificar o ensilar.
- Es necesario que todo ganadero aprenda en su región o en otras zonas de tierras bajas del país la forma de prevenir y controlar el fuego de productores que nunca han tenido incendios en sus predios.

- Existen varios manuales de ganadería para las BPG y para la gestión contable[130] elaborados para la realidad nacional de tierras bajas. Se recomienda que todo ganadero conozca estos manuales, la mayoría disponibles gratuitamente en internet en ediciones digitales.

Reducción de abigeato y de conflictos con la fauna

El manejo del ganado a través del pastoreo controlado obliga a la presencia frecuente del pastor en los potreros moviendo los cercos eléctricos y observando el estado del ganado, el forraje y el suelo. Esto significa que el ganado estará menos horas sin acompañamiento, lo que lo hace menos propenso tanto al abigeato como al ataque de carnívoros silvestres.

Para reducir el abigeato se recomienda que el ganadero refuerce sus controles especialmente en horas de la noche, además de coordinar con la policía local, dado que en el día los diferentes grupos de ganado estarán en pastoreo controlado por vaqueros.

Para reducir el conflicto con la fauna carnívora, que, como ya se explicó más arriba, en la sabana inundable está representada por diferentes félidos de los cuales sólo el jaguar y el puma son los que atacan al ganado (los demás son de pequeño porte y pueden atacar a animales domésticos), se recomienda que el productor y sus ayudantes:

- Supervisen el pastoreo del ganado. Los jaguares y pumas, por lo general, huyen de los humanos (Banegas L., 2016).
- Reduzcan e incluso eliminen el consumo de animales silvestres que son el alimento natural de los félidos, como jochis, taitetuses, chanchos de monte, tatús, urinas, venados, ciervos, petas etc.[131] En lo posible, el humano debe evitar competir con los predadores en el consumo de carne silvestre porque cuando los félidos tienen suficiente territorio y alimento, los humanos sufren menos pérdidas de animales domésticos.

---

[130] Por ejemplo, el Manual de Gestión Ganadera, 2022, de CREA.

[131] Se considera un hecho importante en la sabana inundable que existan poblaciones significativas de capiguaras, (*Hydrochoerus hydrochaeris*) también llamadas capibaras o carpinchos, que son una fuente de carne para jaguares, pumas y otros félidos. En Bolivia el ser humano no consume carne de capiguara, como ocurre en la sabana inundable de otros países como Venezuela, por lo que no compite en este consumo con la fauna carnívora.

- Es importante que todo ganadero sepa por qué deben conservarse los félidos en un ecosistema y entender que cazarlos es una práctica antigua arraigada por ignorancia y por miedo:
  - Son indicadores biológicos porque su presencia demuestra del buen estado del medio ambiente. Protegiéndolos conservamos los bosques y otros hábitats.
  - Juegan un papel importante al ser controladores de plagas que afectan a los cultivos, como ratas, ratones, víboras y otras.
  - La presencia de félidos en una comunidad puede ser un importante atractivo para el ecoturismo, beneficiando con ello a guías y negocios locales, entre otros.

Resultados verificables: verificar el uso de cercas eléctricas y el estado del forraje, del suelo y del ganado. Comprobar la existencia de registros contables utilizando métodos e indicadores universales.

IX. CERTIFICACIÓN DE CARNE BOVINA

La certificación es un distintivo que indica que la carne bovina cumple con unos requisitos específicos en cuanto a su producción, su trazabilidad, su bienestar animal y su impacto ambiental. Estos requisitos son establecidos y controlados por organismos independientes, que realizan auditorías periódicas a los productores y a los mataderos y frigoríficos.

La certificación no solo ayuda a elegir una buena carne, sino que también permite apoyar a los productores locales, que se esfuerzan por ofrecer un producto natural, sostenible y saludable. Además, al consumir carne certificada se contribuye a preservar la biodiversidad, el paisaje y la cultura gastronómica de una región determinada. Las certificaciones aparecen en el etiquetado de la carne con los logotipos de las entidades certificadoras[132].

Tipos de certificación de la carne bovina

Existen diferentes tipos de certificaciones, según el ámbito geográfico, el sistema de producción o la raza del animal. Algunas de las más conocidas son:

- **IGP (Indicación Geográfica Protegida)**: Es una certificación que protege el nombre de un producto cuya calidad o reputación se debe a su origen geográfico. Por ejemplo, la IGP Grass-Fed[133]LdM: carne de bovino de los Llanos de Moxos (ejemplo hipotético) que garantiza que la carne procede de animales nacidos, criados y faenados en los Llanos de Moxos y que se alimentan principalmente de pastos naturales.
- **Global G.A.P.**: Es una certificación internacional que establece normas voluntarias para asegurar el respeto y el bienestar animal en toda la cadena de producción. También garantiza la seguridad alimentaria y la protección del medio ambiente. Esta certificación se basa en cuatro principios: legalidad, trazabilidad, sanidad e higiene.

---

[132] https://naturokela.com/certificacion-de-la-carne-de-vaca/

[133] Sello creado por la empresa de inspección y certificación LIAF Control que acredita la producción bovina alimentada a pasto.

Ganadería ecológica en las sabanas inundables de Bolivia

Beneficios de la certificación[134]

- Permite al productor diferenciar su producto de sus similares, lo que facilita la distinción entre ecorregiones como, por ejemplo, carne producida en la sabana inundable y carne del bosque Chiquitano;
- Permite al consumidor distinguir el producto que desea para evitar mensajes publicitarios poco transparentes;
- Es una herramienta de comercialización y marketing;
- Es una demostración visible del compromiso del productor con la calidad y el consumidor;
- Establece una relación de confianza entre el productor y el consumidor;
- Da un valor agregado.

Los certificados que hasta ahora tiene Bolivia, que son de gran importancia para la exportación tanto de carne como de subproductos (hueso y vísceras), son sólo de tipo sanitario, como el certificado de "Libre de Aftosa sin Vacuna" y el de territorio sin riesgo de encefalopatía espongiforme bovina. No deben confundirse las certificaciones sanitarias y las de sostenibilidad y debe tenerse claro que para ambos casos es imprescindible la trazabilidad, un aspecto que manejan bien los frigoríficos por su cuenta pero que debería desarrollarse en conjunto.

En la sabana inundable de Bolivia podría aplicarse una certificación basada en la fauna de aves silvestres como indicadoras de la sostenibilidad de la ganadería ya que éstas son, tal vez como ningún otro grupo de especies animales, los indicadores que con su presencia hacen evidente el equilibrio y la riqueza de vida que guardan o pueden albergar los paisajes agropecuarios (Lentijo, G. M. et al., 2022). Los Llanos de Moxos son la tercera región de Bolivia con mayor diversidad de aves (647 especies), a lo que se suma su papel clave

---

[134]
https://efaidnbmnnnibpcajpcglclefindmkaj/https://www.produccionanimal.com.ar/produccion_organica_y_trazabilidad/19-certificacion_herramienta_para_acceder_mercados.pdf

Ganadería ecológica en las sabanas inundables de Bolivia

en los movimientos migratorios anuales tanto de peces como aves (GTLM, 2022), un número similar alberga el Pantanal.

El objetivo de contar con una certificación de sostenibilidad de productos cárnicos es acceder a mercados diferenciados internos y externos ya que en Bolivia y a nivel internacional hay una creciente conciencia de los consumidores respecto al origen de los productos que compran en términos de sus impactos sociales y ambientales. La reducción de estos impactos permitirá posicionar mejor los rubros sostenibles en los mercados de calidad.

Para esto es necesario contar con certificadoras acreditadas que cuenten con indicadores medibles y concretos que permitan avalar las prácticas sostenibles de predios ganaderos[135]. Esta es una tarea pendiente que debe ser canalizada a través de la Mesa Boliviana de Carne Sostenible para llenar las expectativas de productores, certificadores y financiadores. Ya existen certificadoras, como por ejemplo IMOcert Latinoamérica, que esperan una coordinación con la MBCS para la definición de indicadores.

En las finanzas sostenibles urge definir indicadores de buenas prácticas que permitan certificar a la agropecuaria sostenible para fortalecer la Mesa de Finanzas Sostenibles Bolivia (liderada por Banco Sol y Capital Safi, apoyados por PNUD y ASOBAN), que es un espacio de coordinación y diálogo entre los sectores del sistema financiero boliviano, con la finalidad de incorporar buenas prácticas de finanzas sostenibles en la elaboración de servicios y productos (https://www.pactoglobal.org.bo/nuestro-trabajo/).

En la misma línea, el Banco de Desarrollo Productivo está definiendo indicadores para financiar productos de crédito bajo estándares internacionales que coadyuven al desarrollo sostenible del país y del sector productivo, y que tengan un impacto positivo sobre el medio ambiente a través del Programa de Bonos Verdes, Sociales y Sostenibles BDP I, por un monto de 50 millones dólares. Estas acciones se enmarcan en los estándares de impacto de los Objetivos de Desarrollo Sostenible (ODS) y en el aporte a las

---

[135] La acreditación es el reconocimiento de la conformidad de un organismo de certificación a los requisitos de la norma ISO 65, que comprende los "Requisitos generales relativos a los organismos que proceden a la certificación de productos": https://www.fao.org/3/ad094s/ad094s03.htm. Garantiza el reconocimiento mutuo de los organismos de certificación a nivel internacional.

metas establecidas en las Contribuciones Nacionalmente Determinadas (CND o NDC, por sus siglas en inglés) (Banco de Desarrollo Productivo SAM, 2023).

Para estas iniciativas iniciales de certificación podrían servir las evaluaciones de Buenas Prácticas Ganaderas (BPG) y de Buenas Prácticas Agrícolas, los Planes de Ordenamiento Predial (POP), además de los sistemas de Monitoreo, Reporte y Verificación (MRV) vinculadas a las NAMA[136], que son uno de los principales instrumentos para lograr reducir las emisiones de carbono.

Mercados y sellos

Actualmente el mercado para exportación de carne bovina nacional está centrado en temas sanitarios postergando temporalmente la obligatoriedad del cumplimiento de normas de sostenibilidad. Este mercado está dominado por China que compra casi la totalidad de productos cárnicos bovinos nacionales. Para cumplir con un eventual cambio de exigencias de este comprador hacia carne sostenible y para ampliar el mercado a la demanda de otros países que condicionan que la carne bovina cumpla con normas eco-amigables, es imperativo que Bolivia desarrolle sellos regionales de sostenibilidad.

Para que estos sellos de calidad sean efectivos al mostrar los atributos de valor diferenciadores del producto es necesario que sean reconocidos por el mercado objetivo, garantizando que un organismo independiente controla o verifica las características diferenciales. Esta certificadora debe ser reconocida como autoridad en la materia que avala. También es necesario que el consumidor sea educado en los atributos diferenciadores y que exista un mercado con capacidad de compra para pagar el valor agregado por el atributo[137].

Una gran oportunidad para la ganadería en praderas naturales de la sabana inundable de Bolivia es el mercado europeo que es un mercado importante para equilibrar la relación comercial con China. Si bien es pequeño

---

[136] Acciones de Mitigación Nacionalmente Adecuadas (por sus siglas en inglés).
[137] Un ejemplo de sello de sostenibilidad en sabana inundable es el de la ganadería del Pantanal brasilero: "Hacienda Pantanera Sostenible" (Fazenda Pantaneira Sustentável, FPS) basado en un Protocolo de Carne Sostenible.

relativamente[138] y con tendencias a reducir el consumo de productos cárnicos, paga prácticamente el doble, como media, que otros mercados. La cuota Hilton es, por ejemplo, un cupo de exportación de carne bovina de alta calidad y valor que la Unión Europea otorga al resto de las naciones para introducir este tipo de productos en su mercado. La carne debe ser de primer nivel cumpliendo diversas condiciones entre las que está que los bovinos deben estar alimentados exclusivamente en pasturas.

En esta cuota, Argentina es beneficiaria del 44% (29.500 toneladas), en tanto que los demás países beneficiarios son Estados Unidos y Canadá (17%), Brasil (15%), Australia (11%), Uruguay (10%), Nueva Zelanda (2%) y Paraguay (1%) equivalente a 1.000 ton. Si actualmente Bolivia puede exportar 37.000 ton a un precio medio de 5.500 $us/ton de las 330.000 ton que produce, podría entrar a la cuota Hilton con un monto equiparable al de Paraguay a un precio de 12.000 $us/ton.

Créditos de carbono

Otra gran oportunidad para expandir prácticas sostenibles y mitigar el Cambio Climático son los créditos de carbono que representan un instrumento internacional que permite a empresas y países compensar las emisiones de dióxido de carbono (CO_2) más difíciles de eliminar, invirtiendo en proyectos que mitiguen los Gases de Efecto Invernadero, como la captura de CO_2 de pasturas o la reforestación.

A través de los Mercados Voluntarios de Carbono (MVC), las organizaciones que quieran compensar su huella de carbono aportan una cantidad económica proporcional a las toneladas de CO_2 generadas. Lo hacen a través de los llamados créditos de carbono. Este aporte se destina a un proyecto que capte una cantidad equivalente de CO_2 o evite la emisión del mismo dióxido de carbono, como el caso de un sistema ganadero forestal (BBVA, 2023).

Una pastura adecuadamente manejada aporta significativamente a la absorción de carbono atmosférico ya que los gases emitidos por el ganado son fijados por el pasto que alimenta a los animales, equilibrando el balance

---

[138] La participación de la UE en el mercado en base a su población es del 10% comparada con el 60% de Asia, 8% de América Latina y el Caribe y 5% de América del Norte (Perini S.C. et al., 2021).

porque además de absorber los gases emitidos por el ganado absorben el que es liberado por los combustibles fósiles.

La fijación de carbono de plantas forrajeras es favorable tanto en pasturas naturales como en pasturas cultivadas como, por ejemplo, la *Brachiaria humidicola* que registra una fijación anual de CO2 de 19,4 toneladas por hectárea, o la *B. decumbens* que fija 27,9 tn/ha. Frecuentemente los que ponen énfasis en que el ganado bovino es gran emisor de GEI eluden el hecho de que el ecosistema donde pastorea es capaz de fijar carbono en grandes cantidades (Sorio A., 2024).

Las comunidades boscosas, en las que hay predominancia de especies leguminosas, absorben tanto o más carbono que las pasturas. Por eso una ganadería eficiente y sostenible en sistemas integrales ganadero-forestales (conservando los bosques de islas en la sabana inundable y promoviendo sistemas silvopastoriles y cadenas boscosas en ganaderías de áreas deforestadas) contribuye al planeta como parte de la solución al Cambio Climático y no como parte del problema, como es el caso en una ganadería tradicional de baja productividad. El 20% de las emisiones mundiales de GEI tienen como origen la deforestación y las prácticas agropecuarias inadecuadas (ILACC- CAF, 2023).

Sin embargo, los sistemas de medición de la absorción del carbono por las pasturas y bosques son lentos y carecen de metodologías que aceleren el proceso. Además, pese a la existencia de mercados voluntarios y regulados, no es fácil hallar compradores de carbono (Abarca S., 2024).

BIBLIOGRAFÍA

Abarca S. INTA Costa Rica. Consultoría Pecuaria Online-Sorio, 2024.

ABT, 2017. Autoridad de fiscalización y control social de Bosques y Tierra. Propuesta de apertura de la frontera agrícola. El Beni puede convertirse en la zona más rica de Bolivia. Unidad de comunicación y prensa.

ACEAA-Conservación Amazónica, 2023. "Análisis de la actividad ganadera en el departamento del Beni y propuesta de promoción de ganadería sostenible en el Sitio Ramsar Río Matos y su área de influencia".

Andersen L. E. et al, 2016. Promedio de CO2 en bosques de Bolivia. https://www.econstor.eu/bitstream/10419/177354/1/wp2016-02.pdf

Arce K., 2020. Recuperación y manejo sostenible de praderas naturales, sustituyendo la quema, en la estancia San Carlos, provincia Marbán, Loreto, 2013 a 2021. Tesis de grado de la Facultad de Agronomía de la Universidad Autónoma del Beni, Trinidad.

Arispe, R. y D. Rumiz. 2002. Una estimación del uso de los recursos silvestres en la zona del Bosque Chiquitano, Cerrado y Pantanal de Santa Cruz. Rev. Bol. Ecol. 11: 17-36.

Azurduy H., 2008. Ed. Biodiversidad del Pantanal en Bolivia. MHNNKM, FUAMU, WWF. Santa Cruz.

Banegas L., 2016. Distribución del jaguar en el Área Protegida Municipal Pampas del Yacuma. Tesis de grado para obtener el título de Ingeniero Agrónomo. Facultad de Agronomía de la Universidad Autónoma del Beni, Trinidad.

Bauer B. y Galdo E., 1987. Manejo de sabanas inundadizas en el Beni. Estancias Elsner Hermanos S.R.L. Trabajo presentado en la Primera Reunión Nacional en Praderas Nativas en Bolivia. Oruro, 26 al 29 de agosto de 1987.

Bauer B., Zamora R. y Galdo E., 1993. Criollo Yacumeño. ICCA PROCISUR. Diálogo XXXVI Conservación y mejoramiento del ganado bovino criollo.

Beard, J.S. 1953. The Savanna Vegetation of Northern Tropical America Ecological Monographs 23(2):149–215.

Beck S.G., 1984. Comunidades vegetales de las sabanas inundadizas en el NE de Bolivia. Phytocoenologia. Stuttgart Braunschweig.

Beck S.G. y Sanjinés A., 2006. Guía ilustrada de los pastos nativos de la sabana húmeda del Beni. Herbario Nacional de Bolivia (UMSA).

Bilenca D.; Miñarro F.; Codesido M.; González-Fischer C.; Pérez L. C., 2013. El pastizal pampeano.

Boixadera, J.; Poch, R.; García-González, M. y Vizcayno, C. (2003). Hydromorphic and clay-related processes in soils from the Llanos de Moxos (northern Bolivia). Catena, 54(3), 403–424. https://doi.org/10.1016/S0341-8162(03)00134-6

Bolsa Boliviana de Valores BBVA, 2023. Sostenibilidad y banca responsable.

Botero R., 2013. Universidad EARTH.

Castillo E.A., 2009. Efectos del fuego. www.slideshare.net/edgalcas/efectos-del-fuego

Carmona, J.; Bolívar, D. y Giraldo, L. (2005). El gas metano en la producción ganadera y alternativas para medir sus emisiones y aminorar su impacto a nivel ambiental y productivo. Revista Colombiana de Ciencias Pecuarias, 18, 49-63.

Centro Internacional de Agricultura Tropical, CIAT 1981. Informe Anual. Programa de Pastos Tropicales.

CEPAL, 2023. Acerca de desarrollo sostenible. https://www.cepal.org/es/temas/desarrollo-sostenible/acerca-desarrollo-sostenible

Chaneton E., 2006. Instituto de investigaciones fisiológicas y ecológicas vinculadas a la agricultura (FEVA). Cátedra de Ecología. Facultad de Agronomía, UBA y CONICET. www.cienciahoy.org.ar.

Chávez J., 1986. Historia de Moxos. Segunda edición. Editorial Don Bosco.

Ciftcioglu, G.; Uzun, O. y Nemutlu, F. (2016). Evaluation of biocultural landscapes and associated ecosystem services in the region of Suğla Lake in Turkey. Landscape Research, 41(5), 538–554. https://doi.org/10.1080/01426397.2016.1173659.

Cole, M.M. 1986. The savannas: biogeography and geobotany. Academic Press. London.

Collinson, A.S. 1988. Introduction to World Vegetation. Springer Netherlands, Dordrecht.

Consultoría Pecuaria OnLine. Humberto y André Sorio, 2023. https://escola.consultoriapecuaria.com.br.

Contenidos CREA, 2022. Alianza del Pastizal: un activo ambiental en ganadería. https://www.contenidoscrea.org.ar/ganaderia/alianza-del-pastizal-un-activo-ambiental-ganaderia-n5326003.

Crevels E. y Muysken P. (Eds.) (2012). Lenguas de Bolivia, Tomo II: Amazonía. La Paz: Plural Editores.

De Carvalho, W. D. y Mustin, K. (2017). The highly threatened and little known Amazonian savannahs. En Nature Ecology and Evolution (Vol. 1, Issue 4). Nature Publishing Group. https://doi.org/10.1038/s41559-017-0100.

De la Colina A. J., 2005. Desafíos y perspectivas de la ganadería vacuna en el desarrollo rural sostenible en América Latina y Cuba. Instituto de Geografía Tropical. La Habana, Cuba.

Denevan, W. 1980. La geografía cultural aborigen de los Llanos de Moxos. Librería Editorial "Juventud". La Paz, Bolivia.

Dixon, A.P.; D. Faber–Langendoen; C. Josse; J. Morrison & C.J. Loucks. 2014. Distribution mapping of world grassland types. Journal of Biogeography 41:2003–2019. IBCE, 2023.

Environmental Science and Technology, 1995. Biomass Burning: A Driver for Global Change. http://asd-www.larc.nasa.gov/biomass_burn/globe_impact.html

Facultad de Ciencias Agrícolas de la UGRM, 2024. Evaluación del sector agropecuario de Bolivia 2023 y perspectivas 2024. Exposición del decano de la Facultad en marzo de 2024.

FAO, 2000. Livestock and human needs.

Ganadería ecológica en las sabanas inundables de Bolivia

FAO, 2006. La larga sombra del ganado. En LEAD, Livestock's Long Shadow.

FAO, 2008. Ayudando a desarrollar una ganadería sustentable en Latinoamérica y el Caribe: Lecciones a partir de casos exitosos. https://www.researchgate.net/publication/303874930_ayudando_a_desarrollar_una_ganaderia_sustentable_en_latinoamerica_y_el_caribe_lecciones_a_partir_de_casos_exitoso

FAO, 2023. Avances y desafíos en la ganadería de América Latina y el Caribe.

https://www.efaidnbmnnnibpcajpcglclefindmkaj/https://www.fao.org/3/cc8210es/cc8210es.pdf.

FEDENAGA, Federación Venezolana de Ganado, 2019.

FEGABENI, 2017. Federación de Ganaderos del Beni. Población de ganado bovino agrupadas por municipio. AGRITERRA, 2018.

FEGABENI- AGRITERRA, 2018. Compendio ganadero.

FEGASACRUZ, 2021. Federación de Ganaderos de Santa Cruz. Portafolio estadístico del sector ganadero bovino boliviano.

FEGASACRUZ, 2022. Federación de Ganaderos de Santa Cruz. Portafolio estadístico del sector ganadero bovino boliviano.

Fernández del Pozo M. La urea, fertilizante nitrogenado. Biblioteca digital INIA, Chile, 1984.

Ficha informativa sitio Ramsar Río Blanco, 2009. https://efaidnbmnnnibpcajpcglclefindmkaj/https://rsis.ramsar.org/RISapp/files/RISrep/BO2092RIS.pdf

Font P., 2001. Diccionario de botánica. Ed. Península, Barcelona.

GIZ – AKUT, 2022. Estudio de ganadería sostenible en las cuencas Paraguá, San Martín y subcuenca Zapocó. Erick Eulert, Wolf Rolón, Rodolfo Soleto.

Gobierno Autónomo Departamental de Santa Cruz, 2012. Dirección de Sanidad Agroalimentaria. Manual de Buenas Prácticas Ganaderas en el Departamento de Santa Cruz.

Gobierno Autónomo del Departamento del Beni, 2019. Plan de Uso de Suelos.

Grupo de Trabajo para los Llanos de Moxos (GTLM), 2022. Programa de Conservación y Desarrollo Sostenible de los Llanos de Moxos (PCDSLM).

Grupo de Trabajo para los Llanos de Moxos (GTLM), 2022. Construcción conjunta de una visión de desarrollo sostenible para los Llanos de Moxos.

Hanagarth W., 1993. Acerca de la geo-ecología de las sabanas del Beni en el noreste de Bolivia. Instituto de Ecología. La Paz.

Hanagarth, W. y Beck S.G., 1996. Biogeographie der Beni-Savannen (Bolivien). – In: Geographische Rundschau 48, 11: 662-668.

Hansen, M. C., P. V. Potapov, R. Moore, M. Hancher, S. A. Turubanova, A. Tyukavina, D. Thau, S. V. Stehman, S. J. Goetz, T. R. Loveland, A. Kommareddy, A. Egorov, L. Chini, C. O. Justice, and J. R. G. Townshend. 2013. "High-Resolution Global Maps of 21st-Century Forest Cover Change." *Science* 342 (15 November): 850–53. obtenido de: https://earthenginepartners.appspot.com/science-2013-global-forest

Heinrich Böll Foundation; IASS (Institute for Advanced Sustainability Studies, Alemania). 2015. Soil atlas 2015: facts and figures about earth, land and fields (en línea). Berlín, Alemania, HBF. https://www.boell.de/sites/default/files/soilatlas2015_ii.pdf.

IICA (Instituto Interamericano de Cooperación para la Agricultura, Costa Rica); CATIE (Centro Agronómico Tropical de Investigación y Enseñanza, Costa Rica). 2016. Iniciativas globales para la restauración de suelos degradados: Iniciativa 20x20/ Iniciativa 4 por 1000 (en línea). San José, Costa Rica. https://repositorio.iica.int/bitstream/handle/11324/6979/BVE18040162e.pdf?sequence=1.

IBCE, 2022. Boletín de comercio exterior.

IBCE, 2023. Boletín de comercio exterior.

Ibisch P.L. & G. Mérida (eds.) (2003). Biodiversidad: La riqueza de Bolivia. Estado de conocimiento y conservación. Ministerio de Desarrollo Sostenible. Editorial FAN, Santa Cruz de la Sierra - Bolivia.

IICA, 2023. Declaraciones del Ministro de Ganadería, Agricultura y Pesca de Uruguay, Fernando Mattos. Dic. 2023.

ILACC- CAF. Observatorio de la Iniciativa Latinoamericana y del Caribe para el Mercado de Carbono, 2023

INRA, 2023. Bolivia: Resultados del Saneamiento y Titulación de Tierras 1996-2023. Foro Político Multiactor "Urgente Llamado a la Acción". Alianzas multiactor para construir un futuro mejor. Nov.

Jacobo, E. Manejo de pastizales naturales para una ganadería sustentable en la pampa deprimida: buenas prácticas para una ganadería sustentable de pastizal. Fund. Vida Silvestre Argentina; Aves Argentinas Aop, 2012.

Jaurena G., Pordomingo A., Stritzler N., Viglizzo E., 2015. Oportunidades y amenazas para la ganadería argentina. XXIV Congreso de la Asociación Latinoamericana de Producción Animal (ALPA).

Langstroth, R.P. (1996): Forest islands in an Amazonian savanna of Northeastern Bolivia. – Unpublished Ph.D. dissertation, Madison: University of Wisconsin, Department of Geography.

Langstroth R, 2011. Biogeography of the Llanos de Moxos: natural and anthropogenic determinants. Geographica Helvetica Jg. 66 2011/Heft 3. https://doi.org/10.5194/gh-66-183-2011.

Larrea-Alcázar, D. M., López, R. P., Quintanilla, M., y Vargas, A. (2010). Gap analysis of two savanna-type ecoregions: A two-scale floristic approach applied to the Llanos de Moxos and Beni Cerrado, Bolivia. Biodiversity and Conservation, 19(6) (pp. 1769–1783). https://doi.org/10.1007/s10531-010-9802-4.

Larrea-Alcázar, D. M., Embert, D., Aguirre, L. F., Ríos Uzeda, B., Quintanilla, M., y Vargas, A. (2011). Spatial patterns of biological diversity in a neotropical lowland savanna of northeastern Bolivia. Biodiversity and Conservation, 20(6), 1167–1182. https://doi.org/10.1007/s10531-011-0021-4.

Lentijo, G. M., Velásquez, A., Murgueitio, E., Zuluaga, A. F. y Gómez, M. (2022). Ganadería para las aves: un canto a la sostenibilidad. Puntoaparte Editores.

Limpias Víctor Hugo. Misión de Moxos. Apuntes vol. 20, núm. 1: 70-91.

Lombardo, U. (2014). Neotectonics, flooding patterns and landscape evolution in southern Amazonia. Earth Surf. Dynam, 2, 493-511.

Maffi, L. (Ed.). (2001). On biocultural diversity: Linking language, knowledge, and the environment. Smithsonian Institution Press.

Mann, G.F., 1966. Bases ecológicas de la explotación agropecuaria en la América Latina. Secretaría General de la Organización de los Estados Americanos.

Mariaca I.C., 2007. Evaluación de 6 leguminosas para el control de malezas en época de invierno en el área de Trinidad. Tesis de grado de la Facultad de Agronomía de la Universidad Autónoma del Beni, Trinidad.

Martínez, M.T., R. Ledezma, V. Miranda, A.W. Quevedo & M. López-Meruvia. 2020. Plantas forrajeras nativas del Pantanal - ANMI San Matías. Guía Ilustrada. Fundación Noel Kempff Mercado & Museo de Historia Natural Noel Kempff Mercado. Santa Cruz.

May, J.H., Plotzki, A., Rodrigues, L., Preusser, F. y Veit, H. (2015). Holocene floodplain soils along the Río Mamoré, northern Bolivia, and their implications for understanding inundation and depositional patterns in seasonal wetland settings. Sedimentary Geology, 330, 74-89.

McIlroy, R.J., 1975. An introduction to Tropical Grassland Husbandry. Oxford University Press.

McVaugh, R., 1983. Gramineae. En: W. R. Anderson (ed.). Flora Novo-Galiciana. A Descriptive Account of the Vascular Plants of Western Mexico, Vol. 14. The University of Michigan Press, Ann Arbor, Michigan.

Melgar J.L., 2012. Estudio de la producción y composición química de las pasturas nativas en la época seca en San Ramón y su área de influencia. Provincia Mamoré. Trabajo dirigido. Facultad de Agronomía de la Universidad Autónoma del Beni, Trinidad.

Meneses, R. I., Larrea-Alcázar, D. M., Beck, S. G. y Espinoza, S., (2014). Modelando patrones geográficos de distribución de gramíneas (Poaceae) en Bolivia: Implicaciones para su conservación. Ecología en Bolivia 49(1), abril. www.tropicos.

Ministerio del Ambiente y Desarrollo Sostenible del Paraguay, MADES, 2022. DNCC/MADES; VMG y DGP/MAG e INFONA. Propuesta de Ganadería Paraguaya Sostenible. Asunción, Paraguay.

Ministerio de Educación, 2013. Guía de plantas útiles del Pantanal Boliviano. Imprenta Impacto Digital.

Ministerio de Medio Ambiente y Agua, 2009. Plan de Manejo del ANMI San Matías.

Ministerio de Medio Ambiente y Agua, 2012. Plan de Manejo del Parque Nacional y ANMI Otuquis.

Ministerio de Medio Ambiente y Agua, 2017 (MMYA). Estrategia para la Gestión Integral de los Humedales y sitios RAMSAR en Bolivia, La Paz - Bolivia.

Ministerio de Medio Ambiente y Agua - Autoridad Plurinacional de la Madre Tierra (2020). Tercera comunicación nacional del estado plurinacional de Bolivia ante la Convención Marco de las Naciones Unidas sobre Cambio Climático. Revisado el 10 de junio del 2022 del sitio Web https://unfccc.int/sites.

Ministerio de Medio Ambiente y Agua - Autoridad Plurinacional de la Madre Tierra (2022). Actualización de las CND para el periodo 2021-2030 en el marco del Acuerdo de París. https://unfccc.int/sites/default/files/NDC/2022-06/CND%20Bolivia%202021-2030.pdf.

Miranda C., 2006. La estabilidad ecológica y la dinámica de la inundación en el Departamento del Beni, en: Los ecosistemas, su demanda y oferta de agua. Instituto para la Conservación de la Biodiversidad / Academia Nacional de Ciencias de Bolivia. www.bvsde.paho.org/bvsacg/fulltext/cmirani.pdf.

Mitsch, W. J. y Gosselink, J. G. 2000. Wetlands. 3rd ed. John Wiley and Sons. New York, NY, USA.

Molina-Carpio, J., Espinoza, D., Coritza, E., Salcedo, F., Farfán, C., Mamani, L. y Mendoza, J. (2019). Clima y variabilidad espacial de la ceja de monte y andino húmedo. Ecología en Bolivia, 54(1), 40-56.

Moreno, N., & Camargo, R. 2022. *Apéndice Agricultura Tema transversal en Colección   4.0.* https://s3.amazonaws.com/amazonia.mapbiomas.org/atbd/atbd transversales/Apéndice_12_Agricultura_Colección_4.0.pdf

Navarro, G., 2002: Provincias biogeográficas del Beni y del Pantanal. – In: Navarro, G. & M. Maldonado (eds): Geografía ecológica de Bolivia: vegetación y ambientes acuáticos. – Cochabamba: Centro de Ecología Simón I. Patiño: 157-193.

Navarro, G. 2005. Unidades de vegetación de la Reserva de Biósfera del Chaco Paraguayo. Unidades Ambientales de la Reserva de Biósfera del Chaco Paraguayo. WCS y F. De S del Chaco.

Navarro, G., J.A. Molina & L. Pérez de Molas. 2006. Classification of the forests of the northern Paraguayan Chaco. Phytocoenologia 36(4): 473-508.

Navarro, G. y W. Ferreira. 2004. Zonas de vegetación potencial de Bolivia: Una base para el análisis de vacíos de conservación. Rev. Bol. Ecol. 15: 1 – 40.

Navarro, G. y W. Ferreira. 2007. Mapa de Vegetación de Bolivia, escala 1:250.000. Edición digital CD ROM: ISBN 978-99954-0-168-9. The Nature Conservancy & Rumbol. Santa Cruz de la Sierra, Bolivia.

Navarro, G. y W. Ferreira. 2009. Biogeografía y Mapa Biogeográfico de Bolivia. En: VMABCC-BIOVERSITY INTERNATIONAL, Libro Rojo de Parientes Silvestres de Cultivos de Bolivia. Plural editores. La Paz.

Navarro, G. 2011. Clasificación de la Vegetación de Bolivia. Centro de Ecología Difusión Simón I. Patiño. Santa Cruz, Bolivia.

Ovando, A., Tomasella, J., Rodriguez, D. A., Martinez, J. M., Siqueira-Junior, J. L., Pinto, G. L. N., Passy, P., Vauchel, P., Noriega, L., y von Randow, C. (2016). Extreme flood events in the Bolivian Amazon wetlands. Journal of Hydrology: Regional Studies, 5, 293–308. https://doi.org/10.1016/j.ejrh.2015.11.004.

Ovando, A., Martinez, J. M., Tomasella, J., Rodriguez, D. A., y von Randow, C. (2018). Multi-temporal flood mapping and satellite altimetry used to evaluate the flood dynamics of the Bolivian Amazon wetlands. International Journal of

Applied Earth Observation and Geoinformation, 69, 27–40. https://doi.org/10.1016/j.jag.2018.02.01.

Peñuela L.; Fernández A.P.; Castro F.; Ocampo A., 2011. Uso y manejo de forrajes nativos en la sabana inundable de la Orinoquia. Convenio de cooperación interinstitucional entre The Nature Conservancy (TNC) y la Fundación Horizonte Verde (FHV), con el apoyo de la Fundación Biodiversidad de España y la Corporación Autónoma Regional de la Orinoquia. Colombia.

Peñuela L., Solano C., Ardila A. V. y Galán S. (Eds.), 2014. Sabana Inundable y ganadería, opción productiva de conservación en la Orinoquia. World Wildlife Fund (WWF), The Nature Conservancy (TNC), Parques Nacionales Naturales de Colombia y otros.

Peñuela L., Ardila A. V., Rincón S., y Cammaert C. (Eds.), 2019. Ganadería y conservación en la Sabana Inundable de la Orinoquia colombiana. WWF Colombia.

Perini S.C., Tejeda A., Illescas N., 2021. Mercosur–China: una relación posible. https://www.teseopress.com/geopolitica/chapter/ii-3-mercosur-china-una-relacion-posible/.

Pinheiro L.C., 2006. Pastoreo Racional Voisin (PRV) - Tecnología Agroecológica para el Tercer Milenio". Segunda edición en español.

Polanco E., 1997. Efecto de las diferentes intensidades de pastoreo sobre la diversidad florística en la sabana de bajío. Estación Biológica del Beni.

Prime Engenharia, Museo NKM y Potlach 2000. Diagnóstico Socio-Ambiental del Área de Influencia Indirecta (AII) EEIA y Evaluación Ambiental Estratégica del Corredor Santa Cruz – Puerto Suárez. Informe final, Santa Cruz de la Sierra.

PROAGRO, 2007. Programa de Desarrollo Agropecuario Sostenible. "Manejo sostenible de los recursos naturales en el Chaco Sudamericano". Cooperación Técnica Alemana GTZ.

Reglamento General de Áreas protegidas. Decreto Supremo N° 24781. 31 de julio de 1997.

Reichle, S. y P. Ibisch. 2002. Áreas protegidas y Áreas de conservación. Plan de Conservación y Desarrollo Sostenible para el Bosque Seco Chiquitano, Cerrado y Pantanal Boliviano. FCBC. Ed. FAN.

Rippstein G., Escóbar G., Motta F., 2001. Agroecología y biodiversidad de las sabanas en los Llanos Orientales de Colombia. Centro Internacional de Agricultura Tropical, CIAT. Cali, Colombia.

Rodríguez F., 1997. Evaluación de 5 niveles de dolomita en 3 pastos nativos en el Centro Agronómico de la UAB. Tesis de grado de la Facultad de Agronomía de la Universidad Autónoma del Beni, Trinidad.

Ribeiro, J.F. & B.M.T. Walter. 2008. As principais fitofisionomias do bioma Cerrado. Pp. 150–211, en: Sano, S.M.; S.P. Almeida & J.F. Ribeiro (eds.). Cerrado: Ecología e Flora. Embrapa, Informação Tecnológica. Brasília, DF.

Ribera M.O., 2008. Glosario de temas y conceptos ambientales. Una guía para la actualización y reflexión. LIDEMA, La Paz, Bolivia.

Rojas, J. C., 2018. Análisis de la situación agropecuaria en el Chaco boliviano. Centro de Investigación y Promoción del Campesinado; Camiri.

Rúa M., 2009. Cultura Empresarial Ganadera. Instituto André Voisin Colombia. www.produccion-animal.com.ar

Savory A. (1992). The Savory Grazing Method or Holistic Resource Management

SENACSA Bolivia; (2020); Estadística Pecuaria; Anuario 2020.

SDSN Sustainable Development Solutions Network (Red de Soluciones para el Desarrollo Sostenible), 2023: Deforestación y Áreas Protegidas en Bolivia.

Solíz J., 2018. Ganado criollo boliviano. Universidad Autónoma Gabriel René Moreno. Facultad de Ciencias Veterinarias.

Solíz Rojas, CA, & Mercado Callaú, LN., 2022. La cadena de valor de la ganadería en los Llanos de Moxos. Trinidad, Bolivia: Grupo de Trabajo para los Llanos de Moxos.

Sorio André. Consultoría Pecuaria OnLine 2024. https://escola.consultoriapecuaria.com.br

Tamo G., 1997. Evaluación del impacto del pastoreo sobre la diversidad florística de las sabanas de altura bajo diferente carga animal. Estación Biológica del Beni. Provincias Ballivián y Yacuma. Tesis para obtener el título de Ingeniero Agrónomo. Universidad Técnica del Beni.

Torres G. R., 1994. El agro-ecosistema módulos de Apure como instrumento para enfrentar la sequía. Revista de Agronomía (LUZ): Vol. 11, No. 2, 1994. Venezuela.

Torres M.R., Chacón E., Machado W., Astudillo L., Carrasquel J. y Gracía E., 2003. Efecto de métodos de pastoreo sobre sabanas moduladas. II. Composición proteica y de minerales en planta y suelo. Revista Zootecnia Tropical. Vol. 21, No. 4. Venezuela.

UDAPRO – SITAP, 2009. Unidad de Análisis Productivo (UDAPRO). Subsistema de Información Territorial de Apoyo a la Producción (SITAP). Atlas de Potencialidades Productivas del departamento del Beni.

Unterladstaetter R., 2005. Manual de malezas en pasturas y su control. Universidad Autónoma Gabriel René Moreno. Santa Cruz.

Van Voorthuizen, E.G., 1975. Range Management. Monografía.

Villarroel D. et al., 2016. Campos y sabanas del Cerrado en Bolivia: delimitación, síntesis terminológica y sus características fisionómicas. Kempffiana 2016. ISSN: 1991-4652.

Voisin, A. 1971. Dinámica de los pastos. Editorial Tecnos. Madrid. España.

Wilkins J. V., Martínez L. y Rojas F., 1993. El ganado vacuno Criollo.

WWF, 2015. Ganadería sostenible en el Pantanal 10 años (2004-2014).

WWF, 2017. https://www.wwf.org.br/?61283/La-carne-sostenible-del-Pantanal-recibe-nueva-certificacin.

Yépez D. e Hinojosa A., 2009. Producción y contenido nutricional de los pastos nativos de la provincia Mamoré. Facultad de Agronomía de la U.A.B., Trinidad.

Zhang, W; Ricketts, TH; Kremen, C; Carney, K; Swinton, SM. 2007. Ecosystem services and dis-services to agriculture (en línea). Ecological Economics

Ganadería ecológica en las sabanas inundables de Bolivia

64(2):253-260.
https://linkinghub.elsevier.com/retrieve/pii/S0921800907001462.

ANEXO 1. ECORREGIONES DE BOLIVIA
Mapa 1. Ecorregiones de Bolivia

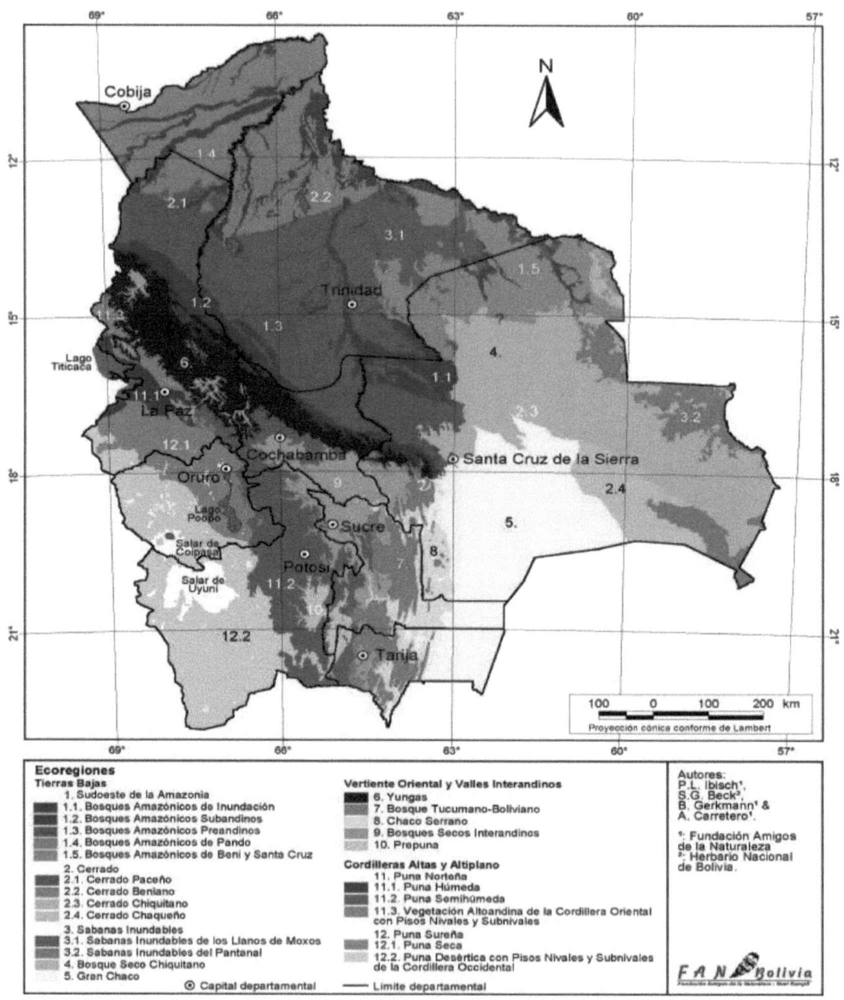

Fuente: Ibisch y Mérida, 2003. Editorial FAN.

Ganadería ecológica en las sabanas inundables de Bolivia

Como puede verse en el mapa de ecorregiones de Bolivia, las ecorregiones del departamento del Beni son:

- Sabanas Inundables de los Llanos de Moxos de 9,4 millones de ha (área 3.1 del mapa).
- Bosques Amazónicos del Beni y Santa Cruz compartidos por ambos departamentos de 6 millones de ha (área 1.5 del mapa).
- Cerrado beniano de 2,7 millones de ha (área 2.2 del mapa)
- Bosques Amazónicos de Pando, con parte de esta ecorregión en el Beni, de 7,1 millones de ha (área 1.4 del mapa).
- Bosques Amazónicos Preandinos, ecorregión compartida con los departamentos de La Paz, Cochabamba y Santa Cruz, de 5,8 millones de ha (área 1.3 del mapa).
- Bosques Amazónicos Subandinos, ecorregión compartida con los departamentos de La Paz, Cochabamba y Santa Cruz, de 2,3 millones de ha (área 1.2 del mapa).
- Bosques Amazónicos de Inundación, ecorregión compartida con los departamentos de La Paz, Cochabamba, Pando y Santa Cruz, de 6,3 millones de ha (área 1.1 del mapa).

Las ecorregiones del Pantanal son:

- Sabanas Inundables del Pantanal de 3,3 millones de ha en las provincias Busch y Sandóval (área 3.2 del mapa).
- Bosque Seco Chiquitano en las provincias A. Ibáñez, Ñuflo de Chávez, Velasco, Sandóval, Chiquitos y Busch (área 4 del mapa).
- Cerrado Chiquitano en las provincias Ñuflo de Chávez, Velasco, Chiquitos y Sandóval (área 2.3 del mapa).

ANEXO 2. ÁREAS PROTEGIDAS (AP) Y ÁREAS NACIONALES DE MANEJO INTEGRADO (ANMI) DE BOLIVIA, DEL BENI Y DEL PANTANAL
AP y ANMI de Bolivia

Cuadro 17. AP y ANMI de Bolivia

Nº	Nombre y categoría	Año de creación y ubicación	Superficie en hectáreas	Superficie en Km2	Ecorregión	Pueblo originario o colono indígena
1	Parque nacional y Área Natural de Manejo Integrado AMBORÓ	1984 Santa Cruz	637.600	6.376	Bosque amazónico preandino	Quechua, aimara
2	Área Natural de Manejo Integrado APOLOBAMBA	1972 La Paz	483.743	4.837	Vegetación alto andina de la Cordillera Oriental	Quechua, aimara
3	Parque nacional CARRASCO	1991 Cochabamba	622.600	6.226	Bosque amazónico Subandino	Quechua, aimara
4	Reserva biológica CORDILLERA DE SAMA	1991 Tarija	108.500	1.085	Puna semi-húmeda	Quechua, aimara en la parte alta
5	Parque nacional y Área Natural de Manejo Integrado COTAPATA	1993 La Paz	60.000	600	Vegetación alto andina de la Cordillera Oriental y Yungas	Aimara
6	Reserva nacional de fauna andina EDUARDO ABAROA	1973 Potosí	714.745	7.147	Puna desértica de la Cordillera Occidental	Quechua
7	Área Natural de Manejo Integrado EL PALMAR	1997 Chuquisaca	59.484	595	Bosques secos interandinos	Quechua
8	Reserva de la biósfera ESTACIÓN BIOLÓGICA DEL BENI	1982 Beni	135.000	1.350	**Sabana Inundable de los Llanos de Moxos**	Tsimane, quechua, aimara
9	Parque nacional y Territorio Indígena ISIBORO SÉCURE (TIPNIS)	1965 Beni y Cochabamba	1.236.296	12.363	Bosque amazónico Subandino	Moxeño, tsimane, aimara, yuracaré, quechua
10	Parque nacional y Área Natural de Manejo Integrado KAA-IYA del Gran Chaco	1995 Santa Cruz	3.441.115	34.411	Gran Chaco	Guaraní

11	Parque nacional y Área Natural de Manejo Integrado MADIDI	1995 La Paz	1.895.750	18.958	Bosque amazónico Subandino	Tacana, quechua, leco
12	Reserva nacional de vida silvestre amazónica MANURIPI	1973 Pando	747.000	7.470	Bosque amazónico de Pando	Quechua, aimara
13	Parque nacional NOEL KEMPF MERCADO	1979 Santa Cruz	1.523.446	15.234	Bosque amazónico del Beni y Santa Cruz	Guarasugwe, chiquitano
14	Parque nacional y Área Natural de Manejo Integrado OTUQUIS	1997 Santa Cruz	1.005.950	10.060	Cerrado chaqueño, **Sabana Inundable del Pantanal** y Bosque seco Chiquitano	Chiquitano
15	Reserva de la biósfera y TCO PILÓN LAJAS	1992 Beni y La Paz	400.000	4.000	Bosque amazónico Subandino y Preandino	Tsimane, quechua, aimara, mosetén
16	Parque nacional SAJAMA	1939 Oruro	100.230	1.002	Puna desértica de la Cordillera Occidental	Aimara
17	Área Natural de Manejo Integrado SAN MATÍAS	1995 Santa Cruz	2.918.500	29.185	**Sabana Inundable del Pantanal**	Chiquitano, ayoreo
18	Parque nacional y Área Natural de Manejo Integrado SERRANÍA DEL AGUARAGÜE	2000 Tarija	108.307	1.083	Bosque Tucumano-Boliviano	Guaraní, weenhayek
19	Parque nacional y Área Natural de Manejo Integrado SERRANÍA DEL IÑAO	2004 Chuquisaca	263.037	2.630	Gran Chaco, Bosque Tucumano-Boliviano y Chaco Serrano	Quechua
20	Reserva nacional de flora y fauna TARIQUÍA	1989 Tarija	246.870	2.469	Bosque Tucumano-Boliviano	Quechua
21	Parque nacional TORO TORO	1989 Potosí	16.570	166	Bosques secos Interandinos	Quechua
22	Parque nacional TUNARI	1962 Cochabamba	309.091	3.090	Bosques secos Interandinos	Quechua
23	Parque nacional y Área Natural de Manejo Integrado EL CARDÓN	2023 Tarija	30.056	300	Pre-puna	Quechua
	Área total AP nacionales		**17.063.799**	**170.638**		

Ganadería ecológica en las sabanas inundables de Bolivia

	69 áreas protegidas departamentales y municipales en diferentes categorías		**11.936.201**	**119.362**	
	Área total		**29.000.000**	**290.000**	

Fuente: SERNAP, 2023

Se presentan en amarillo las áreas protegidas y ANMI de los Llanos de Moxos y el Pantanal.

Algunas Tierras Comunitarias de Origen (TCO) están dentro de parques.

Además de los 23 parques nacionales, existen 69 áreas protegidas departamentales y municipales en diferentes categorías alcanzando un área de 29 millones de ha[139].

---

[139] Cifra aproximada de elaboración propia con datos de entidades como SERNAP, PROMETA, CEBEM, SDSN, GTLM, Gobernaciones y Municipios.

Mapa 2. Áreas protegidas nacionales, departamentales y municipales

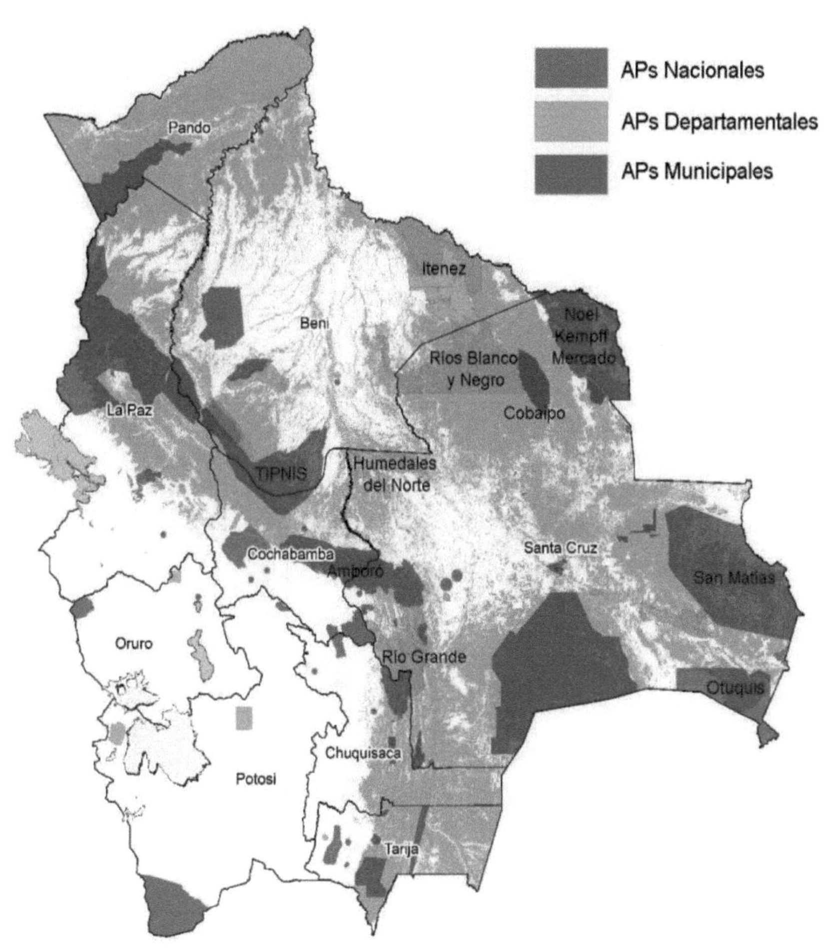

Fuente: Elaboración de SDSN en 2023 basada en información publicada por SERNAP

Este mapa muestra 22 AP porque recientemente fue creada la N°23 (Parque Nacional y Área Natural de Manejo Integrado EL CARDÓN, en Tarija).

Ganadería ecológica en las sabanas inundables de Bolivia

Periódicamente se crean nuevas áreas, por lo que su número y extensión aumentan constantemente (SDSN, 2023)[140].

AP y ANMI del departamento del Beni

Mapa 3. Áreas Protegidas del departamento del Beni y su

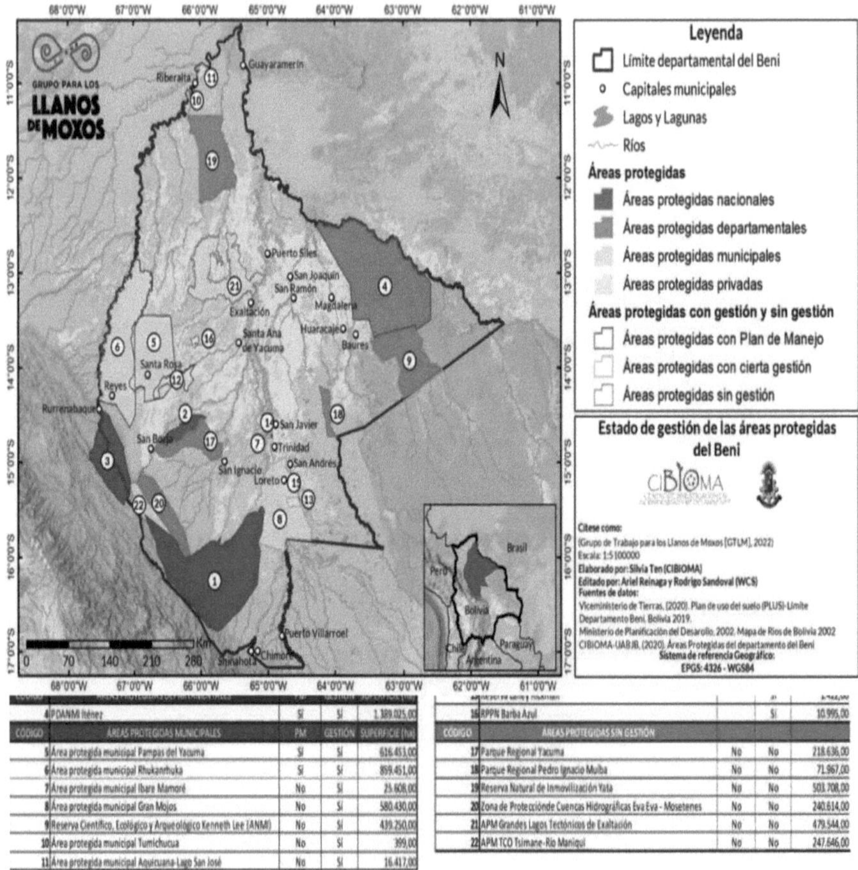

CÓDIGO	ÁREAS PROTEGIDAS MUNICIPALES	PM	GESTIÓN	SUPERFICIE (ha)
4	PDANMI Iténez	Sí	Sí	1.389.025,00
5	Área protegida municipal Pampas del Yacuma	Sí	Sí	616.453,00
6	Área protegida municipal Rhukanrhuka	Sí	Sí	859.451,00
7	Área protegida municipal Ibare Mamoré	No	Sí	25.608,00
8	Área protegida municipal Gran Mojos	No	Sí	580.430,00
9	Reserva Científico, Ecológico y Arqueológico Kenneth Lee (ANMI)	No	Sí	439.250,00
10	Área protegida municipal Tumichucua	No	Sí	399,00
11	Área protegida municipal Aquicuana-Lago San José	No	Sí	16.417,00

CÓDIGO				
16	RPPN Barba Azul		Sí	10.995,00

CÓDIGO	ÁREAS PROTEGIDAS SIN GESTIÓN			
17	Parque Regional Yacuma	No	No	218.636,00
18	Parque Regional Pedro Ignacio Muiba	No	No	71.967,00
19	Reserva Natural de Inmovilización Yata	No	No	503.708,00
20	Zona de Protección de Cuencas Hidrográficas Eva Eva - Mosetenes	No	No	240.614,00
21	APM Grandes Lagos Tectónicos de Exaltación	No	No	479.544,00
22	APM TCO Tsimane-Río Maniqui	No	No	247.646,00

---

[140] A fines del año 2023 se creó en el departamento de Pando, en la ecorregión del Bosque Amazónico, el Área Protegida Municipal y ANMI Gran Manupare de 452.639 hectáreas. En abril de 2024 se creó el ANMI Puerta Amazónica de 42.650 ha en el municipio de Guanay del departamento de La Paz.

Ganadería ecológica en las sabanas inundables de Bolivia

Cuadro 18. Áreas protegidas departamentales del Beni

Nº	Nombre y categoría	Año de creación y provincias	Superficie en hectáreas	Superficie en Km2	Ecorregión	Pueblo originario o colono indígena
1	Parque departamental y ANMI Iténez	2003 Iténez	1.389.025	13.890	Bosque amazónico y **Sabana Inundable de los Llanos de Moxos**	Itonamas y baures
2	Parque regional Yacuma	1990 Ballivián y Yacuma	120.000	1.200	Bosque amazónico y **Sabana Inundable de los Llanos de Moxos**	Tsimane
3	Parque Regional Pedro Ignacio Muiba	1991 Cercado	78.000	780	Bosque amazónico y **Sabana Inundable de los Llanos de Moxos**	Moxeño
4	Reserva científica, ecológica Arqueológica Kenneth Lee	1996 Iténez	468.725	4.687	Bosque amazónico y **Sabana Inundable de los Llanos de Moxos**	Baures
5	Santuario de vida silvestre Chuchini	1998 Cercado	5.156	52	Bosque amazónico y **Sabana Inundable de los Llanos de Moxos**	Moxeño
6	Zona de Protección de cuencas hidrográficas Eva Eva Mosetenes	1987 Ballivián y Moxos	225.000	2.250	Bosque amazónico	Mosetén
	Área total		**2.285.906,00**	**22.859**		

Fuente: SERNAP, 2023

Cuadro 19. Áreas protegidas municipales del Beni

Nº	Nombre y categoría	Año de creación y municipios	Superficie en hectáreas	Superficie en Km2	Ecorregión	Pueblo originario o colono indígena
1	Área Natural de Manejo Integrado Municipal Pampas del río Yacuma	2007 Santa Rosa	616.453	6.165	**Sabana Inundable de los Llanos de Moxos**	Multiétnico
2	Área Protegida Municipal y TCO Tsimane río Maniqui	2007 San Borja	247.646	2.476	Bosque amazónico Preandino	Tsimane
3	Área Protegida Municipal Laguna Isireri	En proceso San Ignacio de Moxos	2.222	22	Bosque amazónico y **Sabana Inundable de los Llanos de Moxos**	Moxeño
4	Área Protegida municipal Lago San José	1995 Riberalta	20.000	200	Bosque amazónico de Pando	Multiétnico
5	Área protegida Municipal Lago Timichucua	1995 Riberalta	399	4	Bosque amazónico de Pando	Multiétnico
6	Área Natural de Manejo Integral Municipal Santos Reyes	En proceso Reyes	896.159	8.962	Bosque amazónico Preandino y Bosque amazónico Subandino	Multiétnico
7	Área protegida municipal Grandes Lagos Tectónicos de Exaltación	Exaltación	824.300	8.243	**Sabana Inundable de los Llanos de Moxos**	Multiétnico
8	Área protegida municipal Ibare-Mamoré	Trinidad	256.000	256	**Sabana Inundable de los Llanos de Moxos**	Moxeño
9	Área protegida municipal Rhukanrhuka	Reyes	859.500	8.595	**Sabana Inundable de los Llanos de Moxos**	Tacana
10	Parque municipal y Área Natural de Manejo Integrado Gran Mojos	Loreto	580.400	5.804	**Sabana Inundable de los Llanos de Moxos**	Moxeño
	Área total		**4.072.700**	**40.727**		

Fuente: SERNAP, 2023

En los cuadros 1, 2 y 3 y el mapa 2 puede verse que la superficie total de Áreas Protegidas del departamento del Beni es de 7.575.039 ha, que corresponde al

Ganadería ecológica en las sabanas inundables de Bolivia

33% del territorio departamental. Las AP son nacionales, departamentales, municipales y otras de conservación privada (SERNAP, 2023 y GTLM, 2022).

Mapa 4. Sitios Ramsar del departamento del Beni

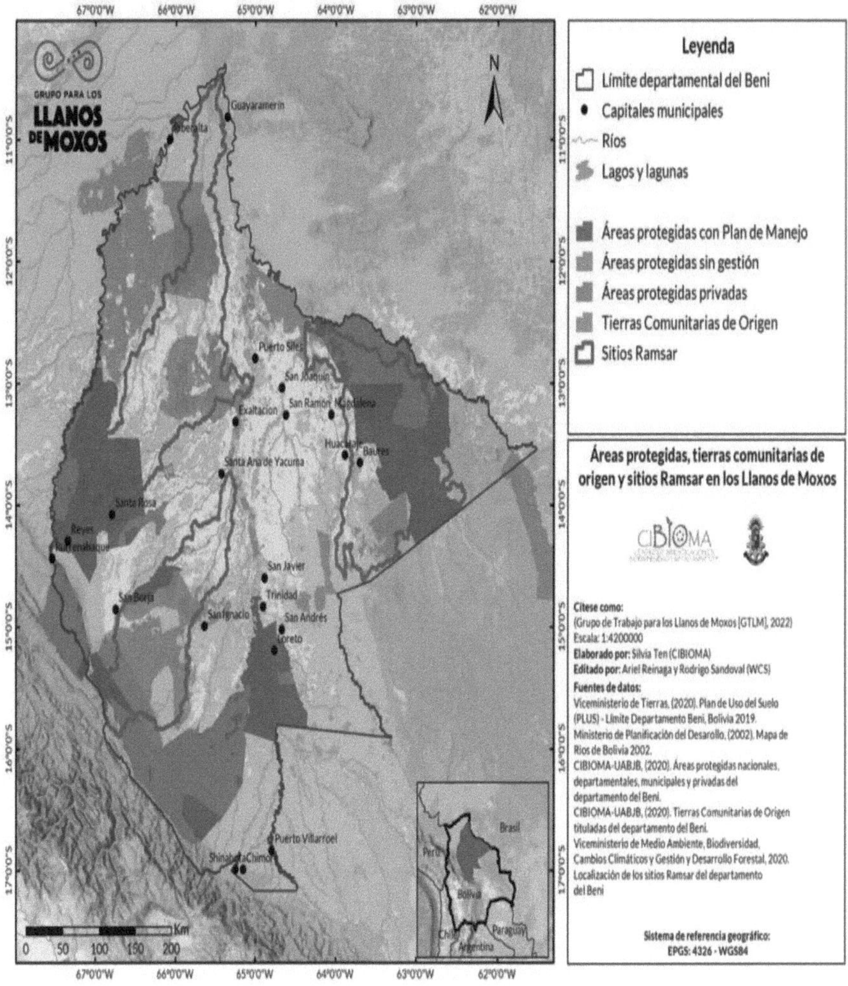

Fuente: GTLM, 2022.

AP y ANMI del Pantanal

En el Pantanal, las áreas protegidas son nacionales y se ubican al sudeste del país como puede verse en el mapa 1. Ver el cuadro 1: Área Natural de Manejo Integrado SAN MATÍAS y Parque Nacional y Área Natural de Manejo Integrado OTUQUIS que en total ocupan 3,9 millones de ha[141].

En el mapa 5 se presenta el ANMI San Matías en color celeste y el ANMI Otuquis en color verde claro.

---

[141] El área protegida en el Pantanal brasilero es de 924.000 ha y en el paraguayo de 281.630 ha (WWF, 2023).

Mapa 5. ANMI San Matías y Otuquis

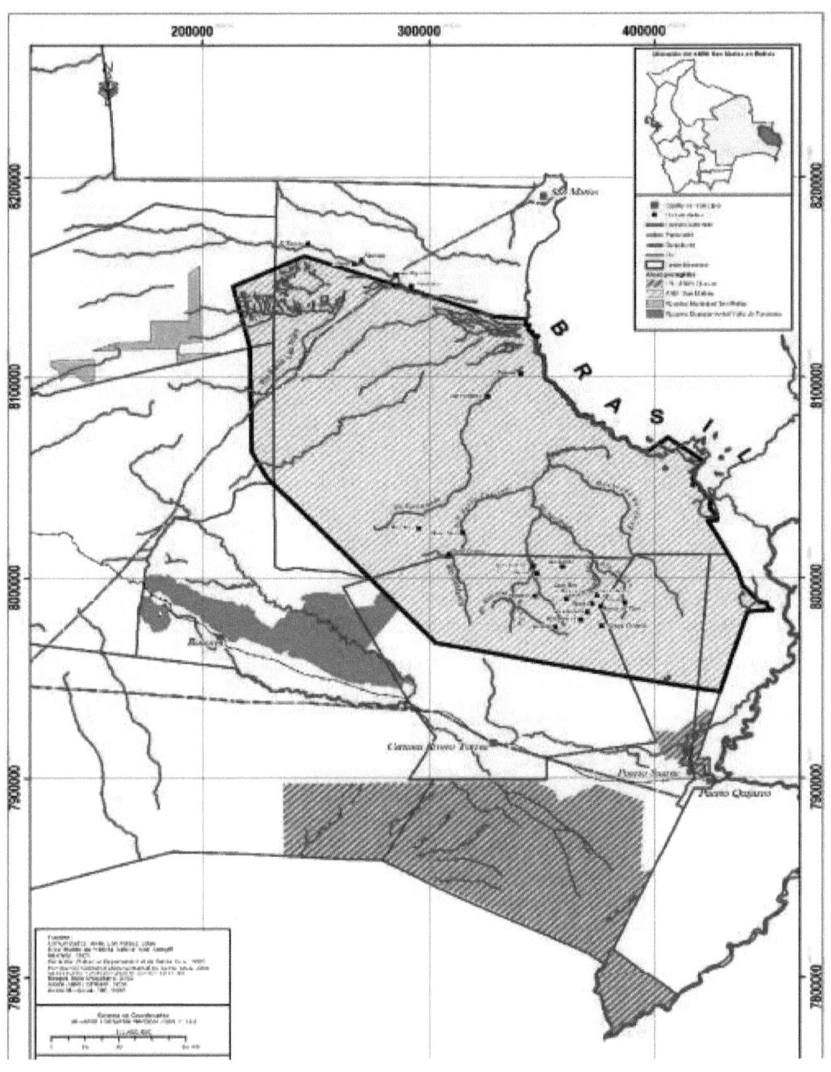

Fuente: Ministerio de Medio Ambiente y Agua, 2009.

Ganadería ecológica en las sabanas inundables de Bolivia

La línea punteada roja corresponde a un camino. Las líneas rectas negras son los límites municipales.

El trazo más negro es el límite del ANMI con relación al resto del territorio dentro del Pantanal.

Mapa 6. ANMI SAN MATÍAS

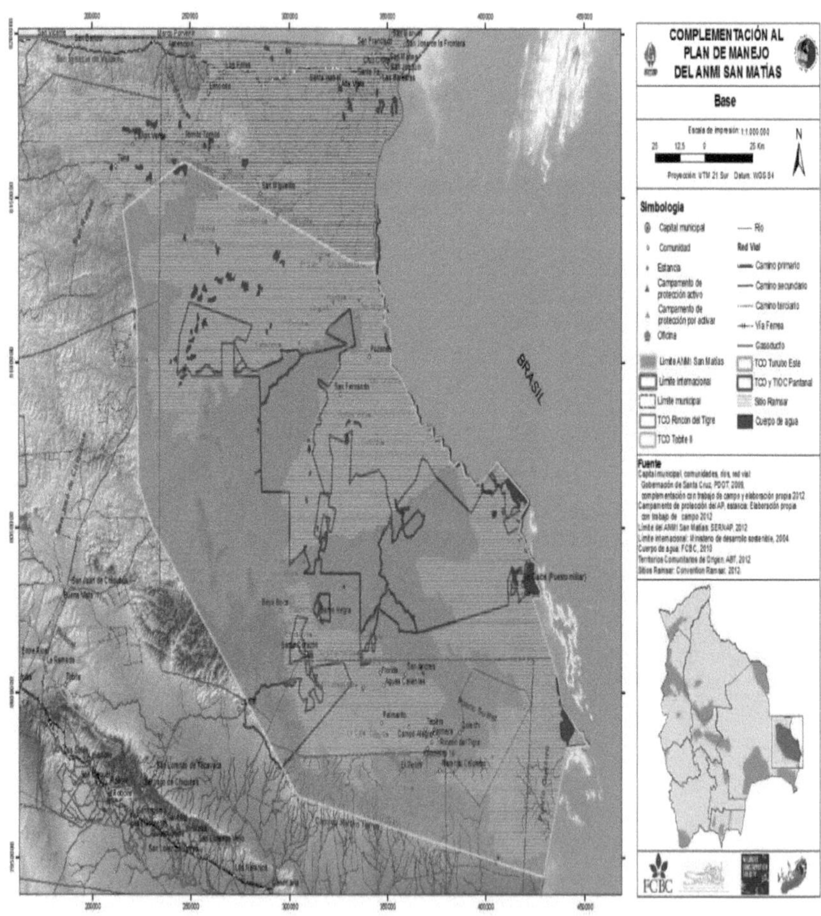

Ver fuente en el mapa.

Mapa 7. ANMI Otuquis

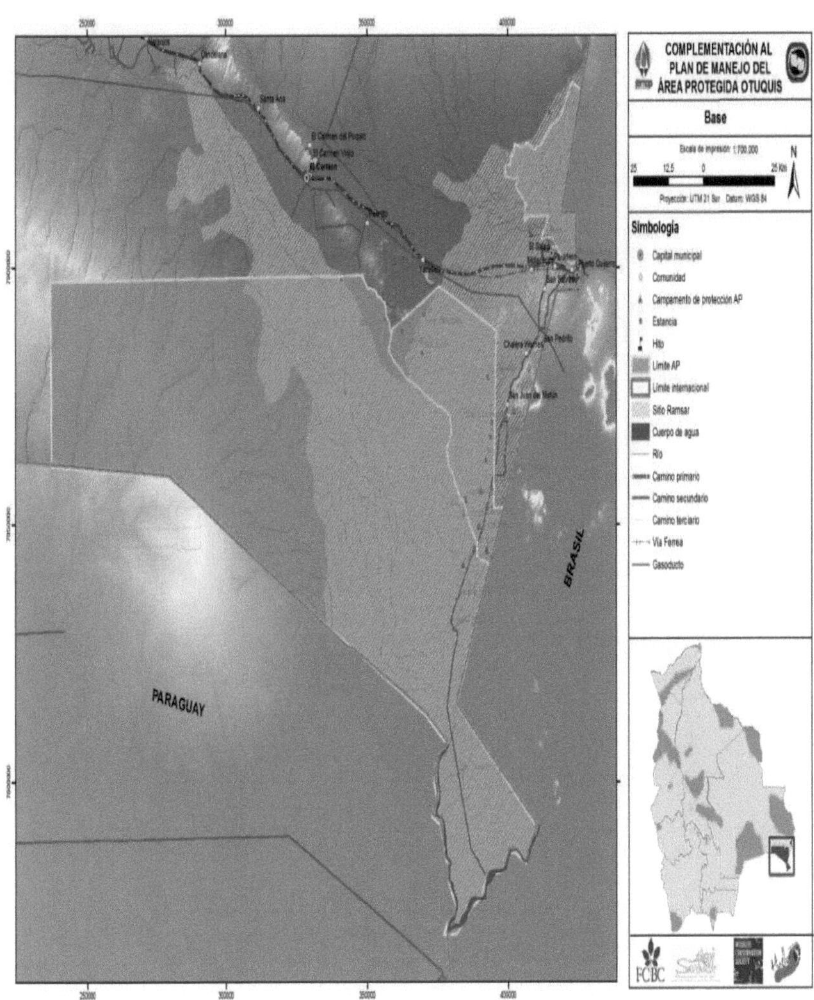

Fuente: Ministerio de Medio Ambiente y Agua, 2012.

Lo marcado como sitio Ramsar es el Pantanal diferenciado de la parte del ANMI.

Mapa 8. ANMI Otuquis remarcando el área de parque

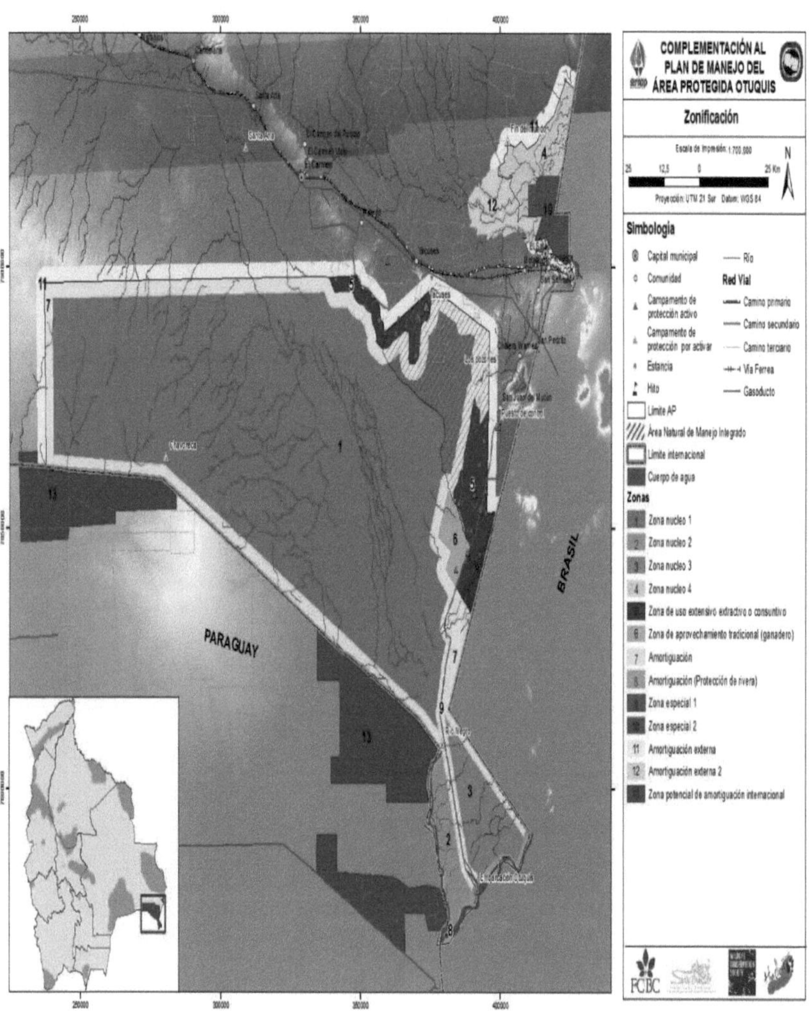

Fuente: Ministerio de Medio Ambiente y Agua, 2012.

La zona núcleo 1 es el Parque a diferencia de la parte rayada que es el ANMI.

ANEXO 3. TERRITORIOS INDÍGENAS EN LOS LLANOS DE MOXOS
Mapa 9. Tierras Comunitarias de Origen TCO

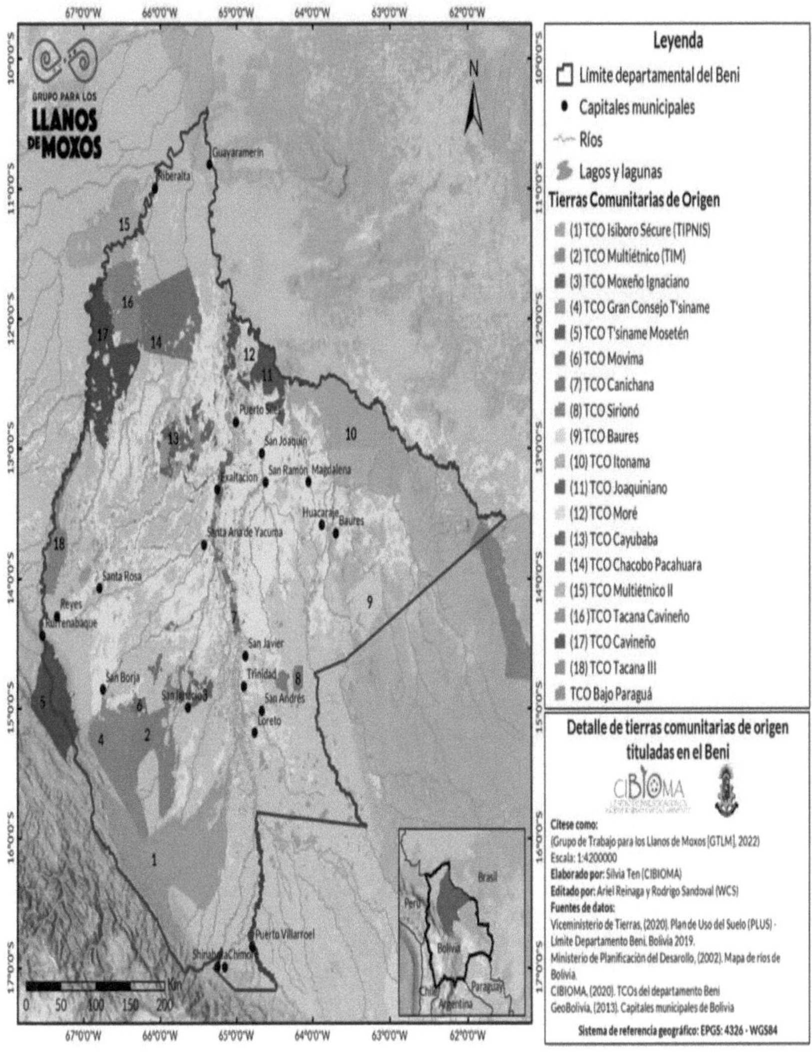

Fuente: GTLM, 2022

ANEXO 4. Registros de precipitación pluvial de 2000 a 2023 en Trinidad, Beni

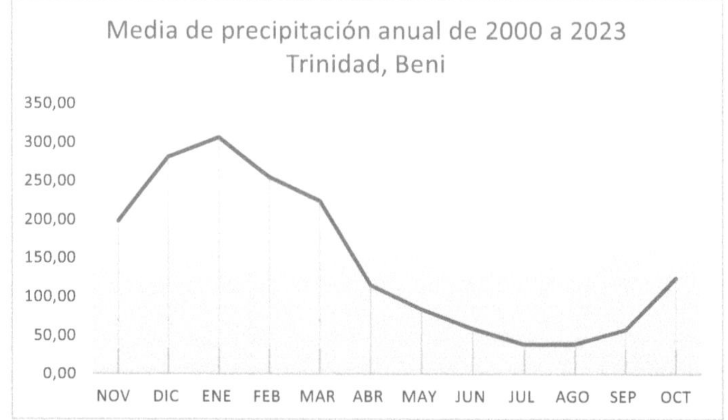

Fuente: Adaptación propia de datos del Servicio Nacional de Meteorología e Hidrología, SENAMHI, 2020.

PRECIPITACIÓN ANUAL EN TRINIDAD, BENI PERIODO DEL 2000 AL 2023

AÑO	ENE	FEB	MAR	ABR	MAY	JUN	JUL	AGO	SEP	OCT	NOV	DIC	ANUAL
2000	279.3	144.4	270.6	99.7	67.3	86.3	97.2	30.6	6.0	107.4	143.9	245.5	1,578.2
2001	237.5	77.6	258.5	105.0	104.9	5.0	27.2	4.8	95.8	153.4	286.2	233.8	1,589.7
2002	190.8	251.4	164.9	56.9	78.2	33.7	35.3	154.9	51.8	56.0	121.3	262.9	1,458.1
2003	192.2	133.5	299.2	151.9	19.5	56.3	2.6	63.8	72.5	149.4	46.2	225.9	1,413.0
2004	550.8	244.1	134.4	68.0	65.2	34.3	37.4	13.0	23.2	150.6	206.8	172.5	1,700.3
2005	205.8	151.8	88.7	36.7	60.0	17.2	11.2	7.6	49.1	280.9	128.3	149.1	1,186.4
2006	335.7	33.4	113.3	33.5	26.0	135.6	38.4	14.2	165.7	255.3	245.9	334.4	1,731.4
2007	395.0	306.2	408.9	243.9	148.3	0.0	89.2	0.2	0.0	167.1	335.1	338.5	2,432.4
2008	329.5	399.2	296.8	106.4	23.3	0.9	24.7	58.2	29.7	88.5	69.7	181.1	1,608.0
2009	201.9	234.8	392.0	238.3	16.5	96.2	65.5	7.1	86.7	80.3	156.7	353.9	1,929.9
2010	371.5	302.8	207.8	19.2	47.3	0.0	108.4	72.1	7.6	171.8	89.8	289.1	1,687.4
2011	424.2	375.4	88.5	136.2	10.1	0.6	38.3	2.2	11.9	119.9	161.6	218.1	1,587.0
2012	297.9	356.2	102.0	85.3	242.9	130.6	4.2	25.7	27.3	62.1	316.8	373.3	2,024.3
2013	137.2	196.0	168.2	261.7	70.4	161.0	1.7	28.7	89.5	115.3	205.6	268.9	1,704.2
2014	690.2	479.0	615.0	45.5	129.6	29.5	68.0	0.4	45.9	17.8	318.5	232.1	2,671.5
2015	255.6	292.1	232.7	54.6	168.1	18.6	96.7	39.8	84.8	134.1	231.8	189.2	1,798.1
2016	268.0	213.5	168.7	97.5	10.1	28.2	2.7	78.0	86.8	86.3	83.2	225.1	1,348.1
2017	157.9	231.9	199.8	185.4	181.1	108.5	0.0	32.2	148.5	128.4	302.0	700.2	2,375.9
2018	385.0	324.6	149.4	99.6	41.5	155.2	0.0	60.5	117.2	132.6	381.2	454.8	2,301.6
2019	241.7	315.5	113.4	144.1	187.5	127.3	61.6	0.3	7.6	111.6	227.6	481.7	2,019.9
2020	354.0	424.0	147.1	237.9	84.5	54.5	62.9	41.8	37.7	99.0	53.2	218.9	1,815.5
2021	318.8	153.4	188.2	120.9	128.2	25.9	43.6	70.6	53.9	70.4	384.1	223.5	1,781.5
2022	321.9	300.0	270.6	32.1	45.1	37.4	9.1	95.5	44.2	206.0	104.2	295.0	1,761.1
2023	233.3	165.9	298.4	92.5	52.2	60.6	0.0	29.0	43.9	31.6	152.6	75.4	1,235.4
2024	274.1												274.1
Promedio	305.99	254.45	224.05	114.70	83.66	58.48	38.58	38.80	57.80	123.99	198.01	280.95	1,780.79
Mínimo	137.20	33.40	88.50	19.20	10.10	0.00	0.00	0.20	0.00	17.80	46.20	75.40	1,186.40
Máximo	690.20	479.00	615.00	261.70	242.90	161.00	108.40	154.90	165.70	280.90	384.10	700.20	2,671.50
Desviación estándar	122.73	111.09	122.43	72.63	64.22	53.00	35.22	37.59	44.53	63.25	104.59	128.53	374.73
Coeficiente de variación	40.1%	43.7%	54.6%	63.3%	76.8%	90.6%	91.3%	96.9%	77.0%	51.0%	52.8%	45.7%	21.04%

(Fuente: Senamhi) - Servicio Nacional de Meteorología e Hidrología.

NOV	DIC	ENE	FEB	MAR	ABR	MAY	JUN	JUL	AGO	SEP	OCT	PROM
198.01	280.95	305.99	254.45	224.05	114.70	83.66	58.48	38.58	38.80	57.80	123.99	1,779.46

EPOCA DE LLUVIA:	1,378.15	77.39%
EPOCA SECA:	401.31	22.54%
TOTAL LLUVIA	1,779.46	99.93%

Fuente: Servicio Nacional de Meteorología e Hidrología (SENAMHI, 2023).

ANEXO 5. Lista de las principales especies forrajeras y no forrajeras nativas de la sabana inundable de los Llanos de Moxos y del Pantanal.

Las plantas no forrajeras son importantes para el ecosistema y por diversas características indicadoras del manejo del ganado.

FAMILIA	Nº	NOMBRE CIENTÍFICO	NOMBRE COMÚN	PALATABILIDAD	TOLERANCIA A INUNDACIÓN	TOLERANCIA A SEQUÍA	COMUNIDADES VEGETALES[142]	CARACTERÍSTICAS
Gramíneas	1	*Acroceras zizanioides*	Cañuela morada	Mediana a alta	Buena	Buena	Sabanas húmedas, bajíos, lugares sombreados, borde de bosques.	Forrajera durante todo el año. Se propaga por semillas y a través de trozos de tallos enraizados.
	2	*Andropogon bicornis*	Cola de ciervo	Baja	Buena	Buena	Sabanas húmedas y sitios alterados. Forma matas densas aisladas. También en el Pantanal.	Considerada "maleza" agresiva que aparece en campos de pastoreo abandonados. Al rebrotar es forrajera en tiempos de poco pasto. Se propaga por semillas y a través de rizomas.
	3	*Andropogon leucostachyus*	Paja carona	Baja	Buena	Buena	Sabanas húmedas y quemadas. No forma machones.	Se propaga por semillas y a través de rizomas.
	4	*Andropogon selloanus*	Cola de caballo	Mediana	Baja	Regular	Campos y arboledas con suelos bien drenados. Sólo en el Pantanal	Crece formando manchones densos y dispersos, es frecuente y algunas veces abundante. Con 9,92 % de proteína.
	5	*Anthenantia lanata*		Baja	Baja	Regular	Arboledas con suelos drenados. Sólo en el Pantanal.	Se suelen observar en arboledas y bordes de éstas, no llegan a ser abundantes.
	6	*Axonopus compressus*	Pasto alfombra	Alta	Baja	Buena	Alturas y sitios alterados. Crece espontáneamente en lugares de pisoteo que no se inundan. También en el Pantanal.	Forrajera natural y cultivada muy apreciada por el ganado. Se propaga por semillas y por estolones.

---

[142] Principalmente en los Llanos de Moxos. Se consigna en el texto si también es del Pantanal o exclusivo de esta ecorregión.

7	*Axonopus fissifolius*		Mediana , sólo cuando es tierna.	Baja	Buena	Alturas y sitios alterados. Crece espontáneamente en forma parecida a *A. compressus* porque son muy similares. También en el Pantanal.	Forrajera apreciada por el ganado. Se propaga por semillas y estolones.
8	*Axonopus siccus*		Mediana	Baja	Regular	Arboledas con suelos bien drenados. Sólo en el Pantanal.	Se encuentra de manera dispersa dentro de arboledas, bordes de campos y áreas de transición.
9	*Cynodon dactylon*	Pasto Bermuda llamado *bremura*	Mediana a alta para el ganado vacuno. Muy palatable para equinos.	Regular	Buena	Semialturas de sabanas, sitios alterados, sendas. Algunos autores consideran que es una planta introducida y naturalizada. También en el Pantanal.	Estabiliza el suelo al crecer fácilmente en promontorios y bordes de tierras removidas. Se propaga por rizomas y estolones. Con 14,34% de proteína.
10	*Digitaria fuscescens*		Alta	Buena	Regular	Crece en campos con suelos estacionalmente inundados. Sólo en el Pantanal.	Planta poco frecuente, pero abundante cerca de lagunas
11	*Digitaria lanuginosa*	Bremura, cañuela chica	Mediana	Regular	Buena	Crece en campos y arboledas con suelos bien drenados. Sólo en el Pantanal.	Se puede ver en áreas de transición entre campos y arboledas.
12	*Echinochloa polystachya*	Pasto alemán también llamado cañuela morada.	Mediana a alta	Buena	Regular	Riberas de ríos y bordes de lagunas. Forma pajonales en los bajíos.	Forrajera natural y cultivada. Se propaga por semillas y por estolones. Se suele implantar en potreros inundables reemplazando a forrajeras nativas.
13	*Eleusine tristachya*	Pata de gallo	Mediana	Regular	Buena	Semialturas de sabanas húmedas.	Es similar a *Eleusine indica*, especie muy distribuida en las sabanas tropicales. Se propaga por rizomas y estolones.

	14	*Elionurus muticus*	Paja carona	Mediana	Buena	Regular	Crece en arboledas y campos con suelos bien drenados. Sólo en el Pantanal.	Pasto frecuente y abundante, crece en forma de matas.
	15	*Eragrostis acutiflora*		Baja a mediana	Regular	Buena	Semialturas de sabanas húmedas y lugares alterados.	Se propaga por semillas.
	16	*Eragrostis bahiensis*		Mediana	Baja	Regular	Crece en campos y arboledas con suelos bien drenados. Sólo en el Pantanal.	Considerada una planta invasora de pastizales cultivados.
	17	*Eriochloa punctata*	Arrocillo	Alta	Buena	Buena	Crece en terrenos húmedos y depresiones con agua estancada. Poco exigente en nutrientes del suelo; no resiste la sombra. También en el Pantanal llamado "yaraguá".	Se diferencia poco del arrocillo tradicional de los Llanos de Moxos que es *Leersia hexandra*. Al parecer es forrajera naturalmente introducida desde el Brasil. Se propaga por estolones.
	18	*Gymnopogon spicatus*		Mediana	Baja	Regular	En arboledas con suelos bien drenados. Sólo en el Pantanal.	Se encuentra en arboledas donde suele formar manchas dispersas y algo densas convirtiéndose en una de las especies más dominantes. Con 4,78% de proteína.
	19	*Hemarthria altissima*		Alta	Buena	Buena	Brota en bajíos muy húmedos formando un césped flotante en riberas de ríos y lagunas.	Forrajera naturalizada poco común considerada también cultivada porque está propagada por el hombre. Se disemina por semillas y estolones.
Gramíneas	20	*Hymenachne amplexicaulis*	Cañuela morada	Alta	Buena	Regular	Crece en pantanos, bajíos y bordes de lagunas y ríos. Forma densos pajonales flotantes. También en el	Se propaga por semillas y a través de trozos de tallos enraizados. Con 17,91% de proteína.

						Pantanal llamada "cañuela de agua".	
21	*Hymenachne donacifolia*	Cañuela morada	Baja	Buena	Buena	Forma colonias en riberas de ríos y lagunas.	Se propaga por semillas y a través de trozos de tallos enraizados.
22	*Ichnanthus procurrens*		Mediana	Regular	Buena	En campos y arboledas con suelos bien drenados y campos con suelos estacionalmente inundados. Sólo en el Pantanal.	Crece de manera frecuente en campos con suelos arenosos y bien drenados, llegando a estar entre las especies más dominantes. Con 5,15% de proteína.
23	*Imperata contracta*	Pasto sujo	Mediana	Baja	Regular	En arboledas con suelos bien drenados. Sólo en el Pantanal.	Forman pequeñas manchas dentro de arboledas ralas o densas; no es frecuente, pero cuando ocurre, pueden llegar a ser dominantes.
24	*Imperata tenuis*	Pasto sujo	Baja	Baja	Regular	En campos y arboledas con suelos bien drenados. Sólo en el Pantanal.	Frecuente y abundante en campos y arboledas.
25	*Leersia hexandra*	Arrocillo	Alta	Buena. Es una planta acuática.	Regular	Sabanas húmedas, bajíos y pantanos. Aumenta de tamaño cuando sube el nivel del agua. Forma manchones. También en el Pantanal.	De todos los pastos llamados "arrocillos" en los Llanos de Moxos este es el típico por ser el de mayor distribución. Es el más delgado y pequeño. Se propaga por semillas y rizomas. Con 11,51% de proteína.
26	*Leptochloa uninervia*	Arrocillo	Baja	Buena	Regular	Aparece en depresiones de semialturas con agua estancada, suelos salobres y sitios alterados. Forma matas aisladas.	Reducida. Es anual y no perenne como la mayoría de los otros pastos. Sinónimo de *Diplachne uninervia* y parecida a la perenne *Leptochloa dubia*. Se propaga principalmente por semillas.

27	*Loudetia flammida*	Cola de burro	Baja	Baja	Regular	En campos y arboledas con suelos bien drenados. Sólo en el Pantanal.	En campos abiertos principalmente; puede llegar a cubrir estas áreas y ser una de las especies dominantes.
28	*Luziola peruviana*	Cañuela blanca	Alta	Buena. Es una planta acuática.	Regular	Agua estancada de pantanos, bajíos y bordes de lagunas. Aumenta de tamaño cuando sube el nivel del agua. Forma extensos colchones flotantes.	Muy apetecida por el ganado. Se propaga por semillas y por estolones.
29	*Luziola subintegra*	Arrocillo	Alta	Buena. Es una planta acuática.	Regular	Agua estancada de pantanos, bajíos y bordes de lagunas. Forma extensos colchones flotantes.	Se propaga por semillas y por estolones. Es más grande y robusta que *Luziola peruviana*.
30	*Panicum dichotomiflorum*	Arrocillo de curichi; Arrocillo de lavadero	Baja en los Llanos de Moxos, pero considerado de alto valor forrajero en el Pantanal	Regular	Buena	Transición de semialturas hacia bajíos y borde de depresiones con poca agua estancada temporalmente. Crece formando pequeñas matas y a veces manchones continuos. También en el Pantanal.	Planta herbácea anual o perenne. Se propaga por semillas. Con 9% de proteína.
31	*Panicum hians*		Mediana	Regular	Buena	Crece en depresiones de semialturas y praderas estacionalmente inundadas formando machones de un césped bajo.	Planta perenne pequeña, amacollada, a veces estolonífera. Sinónimo de *Steinchisma hians*.
32	*Panicum laxum*	Arrocillo	Mediana a alta	Buena	Regular	Ampliamente distribuida en sabana húmeda, bajíos, riberas de ríos y borde de	Se propaga por semillas y presenta mucha variabilidad morfológica

Gramíneas						lagunas. Forma machones de céspedes altos.	dependiendo del lugar.
	33	*Panicum mertensii*		Baja	Buena	Regular	Crece en sabanas húmedas temporalmente inundadas, en bajíos y en áreas cercanas a cuerpos de agua formando pequeños manchones.	Planta perenne. Se propaga por semillas
	34	*Panicum scabridum*	Pasto amargo	Baja, con sabor amargo	Buena	Regular	Crece en sabana húmeda y en bajíos en manchones grandes y a veces formando un césped alto, frecuentemente asociado a la cañuela morada *Acroceras zizanioides*.	Planta perenne parecida a *Panicum laxum*. Se propaga por semillas.
	35	*Paspalum acuminatum*	Comes bebe	Alta	Buena. Es una planta acuática.	Regular	Especie rara que crece en aguas eutróficas estancadas, canales de desagüe y cañadas.	Muy apetecida por el ganado. Confundida con *Paspalum pallens* que tiene cañas más delgadas. Se propaga por estolones rastreros y semillas.
	36	*Paspalum conjugatum*	Grama de antena	Mediana a alta	Baja	Buena	Crece en lugares alterados de altura, no inundables, formando un césped denso y bajo.	Se propaga por estolones rastreros y semillas.
	37	*Paspalum densum*	Paja toruna	Baja	Buena	Buena	Crece en bajíos y semialturas formando matas robustas.	Las flores son muy palatables para los caballos. Tiene panojas más densas y eso la diferencia de *Paspalum virgatum*. Se propaga por estolones rastreros y semillas.

	38	*Paspalum fasciculatum*	Cañuela blanca	Mediana	Buena	Buena	Crece formando pajonales altos en bajíos y bordes de ríos y lagunas. Durante la época de inundación mantiene las partes superiores flotantes y emergentes.	Ejemplo de planta en la que se ha comprobado que con pastoreo rotacional que mantiene el forraje bajo, mejora la palatabilidad, especialmente en la época seca cuando el área de pastoreo no está inundada. Se propaga por estolones rastreros y semillas.
	39	*Paspalum pallens*	"Come bebe" en época de inundació n y "Pelo de cochi" en época seca.	Mediana a alta	Buena, es planta acuática y palustre.	Buena	Se adapta muy bien a los cambios de nivel del agua. En época seca crece formando un césped terrestre denso y bajo y en época de inundación forma un césped flotante junto con los "arrocillos".	Planta valiosa por su capacidad de adaptación a inundación y sequía, digna de mayores estudios. Es muy similar a *Paspalum acuminatum*. Se propaga por estolones rastreros y semillas.
	40	*Paspalum plicatulum*	Gramalot e	Alta	Buena	Buena	Crece formando un césped alto uniforme y en matas aisladas en sabanas húmedas y bajíos. También en el Pantanal.	Existen variedades cultivadas mejoradas a través de pastoreo rotacional. Se propaga por estolones rastreros y semillas. Con 8,59% de proteína.
	41	*Paspalum stellatum*		Baja	Baja	Regular	Crece en arboledas y campos con suelos bien drenados. Sólo en el Pantanal.	Además de su valor como forraje, pertenece al grupo de las *Paspalum* estéticas, usadas para ornamentación.
	42	*Paspalum virgatum*	Paja toruna	Baja	Buena	Buena	Crece en bajíos y semialturas formando matas aisladas y robustas.	Muy similar a otra "paja toruna" que es *Paspalum densum*. Se propaga por estolones rastreros y semillas.
Gramíneas	43	*Paspalum wrightii*	Pasto inverno	Mediana	Buena	Buena	Forma pajonales altos en bajíos con agua estancada. Es forrajera en época seca.	Planta perenne de rizomas vigorosos. Se propaga por estolones rastreros y semillas.

44	*Reimarochloa acuta*	Pasto bajío	Mediana a alta	Buena	Buena	Crece en bajíos con y sin agua. En época seca forma un césped denso y bajo y permanece en estado vegetativo.	Planta estolonífera. Se propaga por estolones.
45	*Sacciolepis myuros*	Cañuela (en el Pantanal)	Baja	Buena	Regular	Crece formando pequeñas matas en sabana húmeda, bordes de tajibales y alturas. También en el Pantanal.	Forrajera no muy frecuente. Se propaga por semillas.
46	*Setaria parviflora*	Cola de zorro	Baja	Buena	Regular	Crece en forma aislada y en pequeños manchones en lugares alterados y en bajíos. Soporta agua estancada.	Es sinónima de *Setaria geniculata* y *S. gracilis*. Maleza persistente en los campos de pastoreo en los que se siembra arroz. Se propaga por semillas.
47	*Schizachyrium condensatum*		Alta	Baja	Regular	Crece principalmente en arboledas y campos con suelos bien drenados. Sólo en el Pantanal.	Llega a formar manchones algo densos, no tolera pisoteos frecuentes.
48	*Schizachyrium sanguineum*	Yaraguá	Alta	Baja	Regular	Crece en arboledas con suelos bien drenados. Sólo en el Pantanal.	Puede llegar formar pequeñas poblaciones y en ocasiones ser abundante.
49	*Setaria geminata*	Cañuela de tierra firme	Alta	Buena	Regular	Crece en campos con suelos mal drenados y estacionalmente inundados. Sólo en el Pantanal.	Llega a cubrir campos enteros e inundados o áreas cercanas a éstos, siendo de los más abundantes y tolerantes al pisoteo, aún después de las quemas. Con 7,74% de proteína.
50	*Setaria parviflora*	Cola de zorro	Baja	Buena	Regular	Crece en campos y arboledas con suelos bien drenados y campos con suelos estacionalmente inundados.	Forma pequeños manchones en arboledas y en áreas de pastoreo, caminos y otras zonas. No llega a ser una planta abundante, pero es una especie resistente

	N.º	Especie	Nombre común	Palatabilidad	Cobertura	Calidad	Hábitat	Observaciones
							También en el Pantanal.	al pisoteo. Con 11,91% de proteína.
	51	*Sporoboulus monandrus*		Baja	Baja	Buena	Crece en semialturas y alturas.	Planta anual pariente de *Sporoboulus tenuissimus*. Se propaga por semillas.
	52	*Sporoboulus pyramidalis*	Paja cerda	Baja	Baja	Buena	Crece en alturas y bordes de caminos. También en el Pantanal.	Planta perenne que se propaga por semillas y rizomas.
	53	*Steinchisma laxum*	Cañuelita	Alta	Buena	Regular	Crece en campos con suelos estacionalmente inundados y bien drenados. Sólo en el Pantanal.	Pasto común en campos estacionalmente inundados, llegando a ser dominante y tolerante al pisoteo. Con 8,78% de proteína.
	54	*Urochloa platyphylla*		Mediana a alta	Buena	Regular	Crece en semialturas, borde de bajíos y suelos lodosos.	Es una especie nativa de *Brachiaria* de las siete que existen. Es sinónimo de *Brachiaria platyphylla*. Es planta anual que se propaga por semillas.
Ciperáceas	1	*Cyperus aggregatus*	Piojillo	Mediana	Buena	Regular	En campos y arboledas con suelos bien drenados y campos estacionalmente inundados. Sólo en el Pantanal.	Si tiene humedad, se encuentra en flor y fruto todo el año.
	2	*Cyperus haspan*		Baja a mediana	Buena	Mala	De sabanas, tajibales, bajíos y pantanos. También en el Pantanal.	Planta perenne que se propaga por semillas y rizomas. Con 10,07% de proteína.
	3	*Cyperus surinamensis*		Mediana a alta	Buena	Regular	Semialturas y lugares alterados y estacionalmente inundados. Crece formando manchones. También en el Pantanal.	Palatable en estado vegetativo; el ganado no come las inflorescencias. Se propaga por semillas.
		Eleocharis acutangula	Totorilla (cortader	Baja. Es forraje sólo en épocas	Acuática y palustre	Mala	Bajíos, bordes de pantanos, lagunas y	Planta perenne que se propaga por semillas y

4		a en el Pantanal)	de extrema sequía.			canales. Crece formando céspedes bajos. También en el Pantanal	rizomas. Con 12% de proteína.
5	*Eleocharis confervoides*	Pelillo	Mediana a alta	Acuática, sumergida	Mala	Aguas estancadas de bajíos. Crece formando céspedes sumergidos y flotantes.	Palatable especialmente para los caballos. Sinónimo de *Websteria confervoides*. Se propaga por semillas y rizomas.
6	*Eleocharis interstincta*	Totorilla	Baja	Acuática o palustre	Mala	Crece en pantanos, bajíos y lagunas.	Similar a *Eleocharis elegans*. Se propaga por semillas y estolones.
7	*Eleocharis minima*	Pelillo	Mediana	Buena	Buena	Crece formando césped denso en época seca en bajíos y cañadas.	Planta anual pequeña. Se propaga por semillas y estolones.
8	*Fimbristylis miliacea*	Pelillo	Mediana	Buena	Regular	Semialturas, borde de bajíos y depresiones húmedas. Forma pequeños manchones.	Consumida en estado juvenil. Se propaga por semillas.
9	*Kyllinga brevifolia*		Mediana	Poco tolerante	Buena	Alturas, lugares de pastoreo relativamente intenso y sitios alterados.	Planta perenne con rizoma horizontal. Se propaga por semillas y rizomas.
10	*Rhynchospora corymbosa*	Cortadera	Baja a mediana	Palustre	Regular	Crece a veces en grandes machones en bajíos pantanosos.	Planta perenne, palustre, robusta. Se propaga por semillas y rizomas.
11	*Rhynchospora eximia*		Alta	Buena	Regular	En campos con suelos arenosos estacionalmente inundados. Sólo en el Pantanal.	En campos de pastoreo se observan pequeñas poblaciones creciendo junto a otras graminoides sobre el sartenejal.
12	*Rhynchospora nervosa*	Estrella blanca	Baja a mediana	Buena	Regular	Crece aislado o en pequeños manchones en bajíos de corta inundación y alturas.	Planta pequeña, perenne. Sinónimo de *Dichromena nervosa*. Se propaga principalmente por semillas.
13	*Rhynchospora pubera*	Estrella blanca	Baja a mediana	Poco tolerante	Regular	Bajíos de corta inundación, alturas.	Forrajera consumida antes de florecer. Sinónimo de

Ciperáceas *(rótulo lateral: filas 8–13)*

								Dichromena pubera. Se propaga principalmente por semillas.
Ciperáceas	14	*Rhynchospora velutina*		Alta	Buena	Regular	En campos y arboledas con suelos bien drenados y en campos estacionalmente inundados. Sólo en el Pantanal.	Crece en campos húmedos con suelos arenosos donde no es una especie dominante, pero después de una quema crece de manera densa, es resistente al pisoteo. También se la puede ver a orillas de arboledas
Leguminosas	1	*Aeschynomene fluminensis*	Corchillo	Mediana	Buena	Regular	Crece en manchones abiertos en bajíos, pantanos y riberas de ríos.	Planta herbácea y sub-arbusto de hasta 3 m de alto. Se propaga por semillas.
	2	*Aeschynomene histrix*		Alta	Buena	Regular	En campos y arboledas con suelos bien drenados y campos con suelos estacionalmente inundados. Sólo en el Pantanal.	Crece principalmente en áreas de arboledas y en campos de suelos arenosos; se incrementa en áreas quemadas.
	3	*Aeschynomene pratensis var. caribaea.*	Corchillo	Alta	Buena	Regular	Crece con la subida de las aguas formando manchones abiertos en bajíos, pantanos y bordes de lagunas.	Planta herbácea y sub-arbusto de hasta 2,5 m de alto. Se propaga por semillas.
	4	*Aeschynomene sensitiva*		Mediana	Buena	Regular	En campos y arboledas con suelos bien drenados y campos con suelos estacionalmente inundados. Sólo en el Pantanal.	Pertenece al grupo de plantas que se encogen cuando se tocan, planta sensible. *Aischynomene* deriva del griego *aischyno* = vergüenza.
	5	*Arachis sp.*	Maní silvestre	Alta	Poco tolerante	Regular	En campos y arboledas con suelos bien drenados. Sólo en el Pantanal.	Crece de manera abundante en campos y arboledas con suelos arenosos, son muy visibles y densas

							después de una quema.
6	*Centrosema vexillatum*	Gallito	Mediana	Buena	Regular	En campos con suelos bien drenados, estacionalmente inundados y mal drenados. Sólo en el Pantanal.	Crece y aumenta su población en áreas intervenidas y con ganado, es frecuente en campos con suelos arcillosos.
7	*Chamaecrista rotundifolia*		Baja	Poco tolerante	Buena	En campos y arboledas con suelos bien drenados. Sólo en el Pantanal.	Especie que crece de manera dispersa, con baja abundancia
8	*Desmodium barbatum*	Pega - pega	Mediana	Regular	Buena	Crece en manchones pequeños en sabanas húmedas y bordes de caminos. También en el Pantanal.	Forrajera tropical de diversos ecotipos, casualmente cultivados. Las semillas (artejos) se pegan al ganado y a la ropa y así se propagan. Con 12,21% de proteína.
9	*Desmodium triflorum*	Trébol pega pega	Mediana	Poco tolerante	Buena	Crece en pequeñas alfombras densas en alturas.	Planta anual herbácea, rastrera, cespitosa. Casualmente cultivada. Se propaga por semillas y vegetativamente.
10	*Galactia glaucescens*		Mediana	Poco tolerante	Buena	En arboledas y campos con suelos bien drenados. Sólo en el Pantanal.	Esta especie tiene una mayor frecuencia en arboledas ralas. En áreas quemadas posee un alto nivel de rebrote.
11	*Indigofera lespedezioides*		Mediana	Buena	Regular	En campos y arboledas con suelos bien drenados y campos estacionalmente inundados. Sólo en el Pantanal.	Frecuente en campos y arboledas de suelos arenosos, es resistente al pastoreo y a quemas.

	12	*Machaerium hirtum*	Tusequi	Mediana cuando sus hojas son tiernas.	Buena	Regular	En campos y arboledas con suelos bien drenados y campos con suelos estacionalmente inundados. También en el Pantanal.	Es considerada como alimento forrajero sólo cuando tiene las hojas tiernas. Su crecimiento y frecuencia aumenta en arboledas y campos intervenidos y con sobrepastoreo. Puede convertir el paisaje natural y ser una especie invasiva.
	13	*Macroptilium lathyroides*		Mediana	Poco tolerante	Regular	Crece en manchones en alturas y semialturas de inundación breve.	Planta anual o cortamente perenne, herbácea. Tiene buena capacidad de fijación de nitrógeno; cultivada en varias partes de América del Sur y Australia. Se propaga por semillas.
	14	*Neptunia oleracea*		Baja	Buena. Acuática y palustre.	Mala	Crece en forma aislada en bajíos, pantanos y bordes de canales y lagunas.	Planta perenne acuática que se propaga por semillas.
	15	*Schnella glabra*	Tripa de pollo	Baja	Poco tolerante	Regular	En arboledas y campos con suelos bien drenados. Sólo en el Pantanal.	Crece principalmente en orillas de arboledas ya sean ralas o densas y también en campos. Es muy frecuente y aumenta su abundancia en áreas donde han sufrido quemas.
	16	*Tephrosia adunca*		Baja	Poco tolerante	Regular	En arboledas y campos con suelos bien drenados. Sólo en el Pantanal.	Muy frecuente en arboledas ralas. Rebrota después de las quemas.
	17	*Tephrosia sessiliflora*		Baja	Poco tolerante	Regular	En arboledas y campos con suelos bien drenados. Sólo en el Pantanal.	Planta frecuente, en ocasiones abundante, en arboledas ralas y campos con suelos arenosos.
	18	*Vigna vexillata*		Mediana	Poco tolerante	Regular	Crece aislada o en pequeños grupos en bajíos, borde de ríos con matorrales y	Planta anual trepadora voluble poco común. Tiene buen valor nutritivo. También distribuida

							borde de islas de bosque.	en África tropical y en el norte de América del Sur. Se propaga por semillas.
Otras plantas forrajeras	1	*Sagittaria rhombifolia (Alismatácea)*	Badilejo	Baja	Buena. Acuática y palustre.	Mala	Crece en forma aislada en bajíos, pantanos y bordes de canales y lagunas.	Planta perenne. Se propaga por semillas y a través de cortos rizomas.
	2	*Echinodorus paniculatus (Alismatácea)*	Platanillo	Alto	Buena	Regular	En campos con suelos estacionalmente inundados y mal drenados. Sólo en el Pantanal.	Se desarrolla sobre sitios anegados o húmedos, es frecuente y dominante, resistente al pisoteo. Con 16,72% de proteína.
	3	*Commelina erecta (Comelinácea)*		Bajo	Poco tolerante	Regular	En campos y arboledas con suelos bien drenados y campos con suelos estacionalmente inundados. Sólo en el Pantanal.	Se la encuentra de manera frecuente en áreas de campos húmedos o algo secos y en arboledas.
	4	*Funastrum clausum (Apocinácea)*	Leche leche	Mediano	Buena	Regular	En campos con suelos estacionalmente inundados. Sólo en el Pantanal.	Común en campos húmedos; forma grandes manchas sobre otros pastos y hierbas.
	5	*Thevetia amazonica (Apocinácea)*	Leche leche	Mediano	Buena	Regular	En campos con suelos estacionalmente inundados, mal drenados y bien drenados. Sólo en el Pantanal.	Planta muy frecuente en diferentes áreas de campos estacionalmente inundados. Es resistente al pisoteo.
	6	*Combretum lanceolatum (Combretácea)*	Lagaña	Alto	Buena	Regular	En campos con suelos estacionalmente inundados, mal drenados y bien drenados. Sólo en el Pantanal.	Es poco frecuente y se la puede observar en bordes de campos y arboledas.
	7	*Aniseia martinicensis (Convolvulácea)*		Mediano	Buena	Regular	En campos con suelos estacionalmente inundados, bien drenados y mal drenados. Sólo en el Pantanal.	Muy frecuente en campos o en áreas abiertas, principalmente en los estacionalmente inundados y mal drenados.

8	Ipomoea bahiensis *(Convolvulácea)*		Mediano	Poco tolerante	Regular	En campos y borde de caminos. Sólo en el Pantanal.	Puede encontrarse formando grandes manchas en campos y bordes de arboledas y caminos.
9	*Acalypha communis (Euforbiácea)*	Matico	Mediano	Poco tolerante	Regular	En campos con suelos bien drenados. Sólo en el Pantanal.	Una de las primeras en brotar después de las quemas. Se las encuentra en arboledas con suelos arenosos donde llega a crecer de forma dispersa.
10	*Caperonia casteneifolia (Euforbiácea)*	Malva espinosa	Mediano	Buena	Regular	En campos con suelos estacionalmente inundados y mal drenados. Sólo en el Pantanal.	Se la observa creciendo frecuentemente en las áreas de campos, son resistentes al pisoteo
11	*Caperonia stenophylla (Euforbiácea)*		Mediana a alta	Buena	Mala	Crece en manchones abiertos en bajíos con agua baja, estancada.	Planta herbácea delgada. Existen otras *Caperonias* más robustas que no consume el ganado. Se propaga por semillas.
12	*Croton argenteus (Euforbiácea)*	Malva	Mediana	Buena	Regular	En campos con suelos estacionalmente inundados. Sólo en el Pantanal.	En campos intervenidos forman grandes manchas.
13	*Tetrapterys ambigua (Malpigiácea)*		Baja	Poco tolerante	Regular	En campos y arboledas con suelos bien drenados. Sólo en el Pantanal.	Se la puede observar con frecuencia en arboledas ralas y campos con suelos arenosos.
14	*Cienfuegosia affinis (Malvácea)*	Malva	Baja	Poco tolerante	Regular	En campos con suelos bien drenados. Sólo en el Pantanal.	Es una maleza en varios cultivos de los trópicos, como arroz, soya, algodón o caña.
15	*Corchorus orinocensis (Malvácea)*	Corcho	Baja	Buena	Regular	En campos con suelos estacionalmente inundados. Sólo en el Pantanal.	Es una maleza en varios cultivos de los trópicos, como arroz, soya, algodón o caña. También se reporta como planta ruderal.
16	*Oxalis grisea (oxalidácea)*	Tres hojitas. Mamuri	Baja	Poco tolerante	Regular	En campos y arboledas con suelos bien drenados. Sólo en el Pantanal.	De fácil regeneración, por lo que se consideran malas hierbas y

							potencialmente invasoras.
17	*Hydrolea spinosa* (Hidrofilácea)		Eventualmente consumida	Buena	Regular	Crece en pequeños manchones en bajíos y al borde de pantanos	Planta herbácea o sub-arbusto de 1 m de alto. Se considera maleza agresiva y eventualmente la come el ganado cuando no hay forraje. Se propaga por semillas.
18	*Hyptis brevipes* (Lamiácea)		Baja	Poco tolerante	Regular	Crece aislada o en manchones en bajíos.	Planta perenne, herbácea, aromática. Es forrajera eventual de baja palatabilidad. Se propaga por semillas.
19	*Justicia laevilinguis* (Acantácea)		Alta	Buena. Acuática y palustre.	Regular	Crece en pequeños o medianos manchones en bajíos, borde de pantanos y canales.	Planta anual, herbácea, acuática y palustre que alcanza hasta 50 cm de alto. Se propaga por semillas.
20	*Helicteres guazumifolia* (Esterculiácea)	Pichi de pato	Ocasionalmente consumida	Poco tolerante	Regular	Crece formando manchones en bordes de bosques y de arroyos.	Arbusto de hasta 4 m de alto con frutos retorcidos como sacacorchos que cambian de verdes a negros. Se propaga por semillas.
Plantas no forrajeras importantes en el ecosistema — 1	*Imperata tenuis* (Gramínea)	Sujo		Buena	Buena	Crece en bajíos y sartenejales.	Invasora en campos de pastoreo abandonados. Es más frecuente encontrar una maleza muy similar y poco palatable que es la *Imperata brasiliensis*.
2	*Panicum tricholaenoides* (Gramínea)	Tacuarilla		Buena	Regular	Crece en sabana húmeda y en bajíos en manchones inmensos.	Planta perenne rizomatosa y robusta que rebrota después de las quemas. Se la considera maleza por su agresividad.

<table>
<tr><td rowspan="7" style="writing-mode: vertical-lr;">Plantas no forrajeras importantes en el ecosistema</td><td>3</td><td>Cyperus giganteus
(Ciperácea)</td><td>Junquillo</td><td>Acuática</td><td>Mala</td><td>Crece en pantanos y yomomos y bordes de lagunas en manchones enmarañados.</td><td>Planta perenne acuática o palustre, rizomatosa. Su importancia radica en que mantiene la humedad en los pantanos en la época seca y es refugio natural para la fauna silvestre. Son matas en pantanos considerados áreas de servidumbre ecológica.</td></tr>
<tr><td>4</td><td>Eleocharis filiculmis
(Ciperácea)</td><td></td><td>Buena</td><td>Mala</td><td>Especie no muy frecuente que crece formando pequeños manchones en bordes de pantanos y bajíos.</td><td>Planta perenne, rizomatosa.</td></tr>
<tr><td>5</td><td>Rhynchospora corymbosa
(Ciperácea)</td><td>Cortadera</td><td>Buena</td><td>Regular</td><td>Forma grandes manchones en bajíos pantanosos y bordes de lagunas.</td><td>Planta perenne, palustre y robusta. Característica de lugares mal drenados.</td></tr>
<tr><td>6</td><td>Rhynchospora trispicata
(Ciperácea)</td><td></td><td>Buena</td><td>Regular</td><td>Crece formando manchones grandes en bajíos y pantanos.</td><td>Muy similar a Rhynchospora corymbosa.</td></tr>
<tr><td>7</td><td>Scleria lacustris
(Ciperácea)</td><td>Cortadera</td><td>Buena. Acuática.</td><td>Regular</td><td>Crece mezclada entre cañuelas y arrocillos en pantanos y bajíos.</td><td>Planta más robusta que las otras Sclerias. Es cortante para el ganado.</td></tr>
<tr><td>8</td><td>Scleria melaleuca
(Ciperácea)</td><td>Cortadera</td><td>Buena</td><td>Regular</td><td>Crece entremezclada en los pastizales inundados y en bordes de bosques</td><td>Ampliamente distribuida y cortante para el ganado. Sinónimo de Scleria pterota.</td></tr>
<tr><td>9</td><td>Scleria obtusa
(Ciperácea)</td><td>Cortadera</td><td>Buena</td><td>Regular</td><td>Crece aislada o en pequeños manchones en bordes de bosques y en bajíos.</td><td>Poco frecuente.</td></tr>
</table>

10	*Diodia kuntzei* (*Rubiácea*)			Buena. Acuática.	Mala	Crece formando densos manchones bajos en bajíos de inundación prolongada, frecuentemente sumergida.	Planta perenne, herbácea, rastrera, acuática o palustre. Hierba muy común de flores blancas vistosas.
11	*Echinodorus grandiflorus* (*Alismatácea*)			Buena. Acuática.	Mala	Crece formando pequeños manchones con sus hojas grandes en bajíos, pantanos, bordes de cañadas y lagunas.	Planta perenne, herbácea, acuática o palustre. Es refugio para la fauna silvestre.
12	*Eichhornia azurea* (*Pontederiácea*)	Tarope hoja ancha		Buena. Acuática.	Mala	Llega a formar grandes colchas flotantes en pantanos, cañadas, bordes de lagunas, arroyos y ríos.	Planta perenne, acuática, enraizada y flotante. Mantiene el agua fresca y limpia y es refugio para la fauna y avifauna silvestre.
13	*Pontederia cordata* (*Pontederiácea*)	Badilejo		Buena. Acuática.	Mala	Forma pequeños manchones en bajíos, pantanos, borde de lagunas y arroyos.	Planta perenne, acuática, estolonífera, de rizomas gruesos.
14	*Pontederia subovata* (*Pontederiácea*)	Tarope hoja chica		Buena. Acuática.	Mala	Forma céspedes flotantes o asentados en bajíos, bordes de pantanos y lagunas.	Planta anual o perenne, palustre y acuática. Se propaga por estolones.
15	*Eichhornia crassipes* (*Pontederiácea*)	Tarope		Buena. Acuática.	Regular	Invade rápidamente los cuerpos de agua formando grandes colchas flotantes que se limpian en años de inundaciones altas. Crece en borde de lagunas, pantanos, ríos y canales, en aguas ricas en nutrientes.	Se propaga por estolones ayudando a mantener la humedad en épocas de sequía. Invasora problemática en algunos brazos eutrofizados de arroyos y ríos. Es poco frecuente en áreas naturales de los Llanos de Moxos, pero su distribución es pantropical. Se la confunde frecuentemente con el tarope hoja ancha *Eichhornia azurea*.

<table>
<tr><td rowspan="7">Plantas no forrajeras importantes en el ecosistema</td><td>16</td><td>Thalia geniculata
(Marantácea)</td><td>Patujú de bajío</td><td></td><td>Buena.
Acuática.</td><td>Mala</td><td>Forma extensos manchones que a veces cubren todo el bajío. Crece también en bordes de pantanos y bordes de lagunas.</td><td>Planta perenne, palustre, robusta de 1 a 3 m de alto. Refugio para la fauna silvestre.</td></tr>
<tr><td>17</td><td>Aeschynomene scabra (Leguminosa)</td><td>Corchillo</td><td></td><td>Poco tolerante</td><td>Regular</td><td>Forma pequeños manchones en semialturas, pequeñas depresiones y bordes de caminos.</td><td>Planta herbácea, algunas veces subarbusto que alcanza hasta 70 cm de alto.</td></tr>
<tr><td>18</td><td>Chamaesyce hyssopifolia (Euforbiácea)</td><td></td><td></td><td>Poco tolerante</td><td>Mala</td><td>De las primeras que aparece en bajíos secados; común en bordes de caminos y cerca de casas.</td><td>Hierba anual erecta o semipostrada de cuyos tallos brota un látex blanco. Invasora casual y temporal en campos de pastoreo. Posiblemente tóxica. Indicadora del estado de la pradera.</td></tr>
<tr><td>19</td><td>Croton trinitatis (Euforbiácea)</td><td></td><td></td><td>Poco tolerante</td><td>Regular</td><td>Crece aislada y en manchones pequeños y grandes en alturas, borde de bosques y caminos; en lugares alterados y corrales abandonados.</td><td>Planta herbácea y sub-arbusto de hasta 1,2 m de alto.</td></tr>
<tr><td>20</td><td>Ludwigia octovalvis (Onagrácea)</td><td></td><td></td><td>Poco tolerante</td><td>Regular</td><td>Crece en forma aislada en bajíos secos, bordes de caminos y corrales.</td><td>Planta anual, herbácea. Género con gran diversidad de especies en el Beni.</td></tr>
<tr><td>21</td><td>Melochia arenosa (Lamiácea)</td><td></td><td></td><td>Poco tolerante</td><td>Regular</td><td>Crece en pequeños manchones en zonas de transición entre bajío y altura.</td><td>Planta perenne, sub-arbusto. Especie común en la región.</td></tr>
<tr><td>22</td><td>Polygonum hydropiperoides (Poligonácea)</td><td>Tabaquillo</td><td></td><td>Buena.
Acuática.</td><td>Mala</td><td>Forma manchones en bordes de ríos y lagunas, bajíos y pantanos.</td><td>Planta perenne, herbácea, palustre. Es tóxica y sirve para sospechar de ella</td></tr>
</table>

Plantas no forrajeras importantes en el ecosistema

							cuando hay diarreas en el ganado.
23	*Sida glomerata (Malvácea)*	Malva		Poco tolerante	Buena	Crece aislada o en pequeños grupos en alturas, bordes de bosques, caminos y corrales.	Planta con el tallo lignificado sólo en la base (sufrútice), lo que simula un pequeño arbolito, de hasta 1m de alto. Indicadora de sobrepastoreo; usada como planta medicinal y como escoba.
24	*Bonafusia siphilitica var. juruana (Apocinácea)*	Bella unión		Poco tolerante	Buena	Crece aislada o en pequeños grupos en alturas, bordes de bosques, bosques secundarios y ribereños.	Arbolito o arbusto pequeño de hasta 3 m de alto. De los tallos brota látex blanco. Tóxica especialmente cuando está en flor, indicadora de sobrepastoreo y como alerta de forraje peligroso, aunque el ganado la rechaza.
26	*Croton aff. yavitensis (Euforbiácea)*	Manguillo		Buena	Buena	Brota como plantación de frutales en bajíos sobrepastoreados haciendo bosques.	Árbol de hasta 6 m de alto. Una planta difícilmente combatible indicadora de lo que no debe pasar nunca en una pradera. Rebrota del tocón, el fuego tiene poco efecto sobre ella y obliga a usar herbicidas. Especie digna de estudio por su capacidad de sobrevivencia en terrenos temporalmente inundados.
27	*Ipomoea carnea subsp. fistulosa (Convolvulácea)*	Tararaqui		Buena	Buena	Crece en extensos manchones en bajíos de inundación prolongada, bordes de zanjas y canales. Se cree que es indicador de	Sub-arbusto erguido de hasta 3 m de alto de cuyo tallo brota látex blanco. Invade praderas sobrepastoreadas en las que la competencia de las gramíneas se ha reducido. Probablemente tóxica.

							suelos con mejor fertilidad.	
28	*Licania parvifolia (Crisobalanácea)*	Azuqueró			Buena	Buena	Forma bosquecillos en bajíos y bordes de arroyos.	Árbol o arbusto de hasta 6 m de alto. Otra indicadora de sobrepastoreo porque invade bajíos.
29	*Ludwigia rigida (Onagrácea)*				Poco tolerante	Regular	Forma extensos matorrales en semialturas, tajibales, sartenejales y bajíos.	Arbusto de hasta 3 m de altura. Invade bajíos con termiteros. Otro indicador de mal manejo.
30	*Mimosa debilis var. debilis (Leguminosa)*	Cerrate puta chica			Poco tolerante	Regular	Crece aislada o en pequeños manchones en lugares alterados como potreros sobrepastoreados en alturas con depresiones y alrededor de asentamientos.	Sub-arbusto llamado sensitiva de hasta 1,2 m de alto.
31	*Mimosa pigra (Leguminosa)*	Cerrate puta			Poco tolerante	Regular	Crece formando manchones aislado hasta densos matorrales en bajíos, bordes de arroyos y riberas altas de ríos.	Arbusto robusto, también llamado sensitiva, que invade agresivamente.
32	*Nectandra amazonum (Laurácea)*	Negrillo			Regular	Buena	Forma bosquecillos en bajíos y bordes de arroyos.	Árbol de hasta 15 m de alto. Planta invasora de bajíos que forma bosques combinada con el árbol "azuqueró", *Licania parvifolia*.
33	*Senna aculeata (Leguminosa)*	Parate ahí			Poco tolerante	Buena	Puede formar extensos matorrales impenetrables en bajíos y bordes de lagunas.	Arbusto espinoso de hasta 3 m de alto. Indicador de falta de inundaciones prolongadas por efecto del clima o cambios en cursos de agua. Invasora espinosa agresiva que impide el paso.

<table>
<tr><td rowspan="5" style="writing-mode:vertical-lr">Plantas no forrajeras importantes en el ecosistema</td><td>34</td><td>*Senna occidentalis*
(Leguminosa)</td><td>Mamuri</td><td></td><td>Poco tolerante</td><td>Regular</td><td>Crece aislada o en pequeños manchones en borde de bosques, caminos, corrales y asentamientos humanos.</td><td>Sub-arbusto semileñoso indicador de alteraciones y mal manejo.</td></tr>
<tr><td>35</td><td>*Vernonia brasiliana*
(Asterácea)</td><td>Paichané</td><td></td><td>Poco tolerante</td><td>Buena</td><td>Forma extensos matorrales en semialturas, tajibales, sartenejales y bajíos de inundación reducida.</td><td>Arbusto erecto de hasta 3 m de alto. Otra invasora difícil de combatir que levanta una pelusa que recubre la semilla, indicadora de alteraciones naturales o antropomórficas.</td></tr>
<tr><td>36</td><td>*Cissus spinosa*
(Vitácea)</td><td></td><td></td><td>Regular</td><td>Buena</td><td>Se enreda en alambradas y se presenta en bordes de bosques.</td><td>Liana generalmente leñosa y algo suculenta de frutos rojos y negros.</td></tr>
<tr><td>37</td><td>*Funastrum clausum*
(Asclepiadacea)</td><td></td><td></td><td>Regular</td><td>Buena</td><td>Aparece en bosques secundarios y en los bajíos sobre las alambradas.</td><td>Trepadora voluble, perenne de hasta 5 m de alto. Posiblemente tóxica. Sinónimo de *Sarcostemma clausum.*</td></tr>
<tr><td>38</td><td>*Ipomoea asarifolia*
(Convolvulácea)</td><td>Camotillo</td><td></td><td>Regular</td><td>Regular</td><td>Aparece en bajíos y bosques en forma aislada o pequeños grupos.</td><td>Bejuco de tallos herbáceos con poco látex blanco, rastrero. De flores en forma de campanilla fáciles de distinguir.</td></tr>
</table>

Fuentes: Beck S.G. y Sanjinés A., 2006; Martínez, M.T. et al, 2020; Ministerio de Educación, 2013.

ANEXO 6. Lista de tesis de la Facultad de Ciencias Agrícolas de la Universidad Autónoma del Beni relacionadas con el pastoreo en praderas naturales y la ganadería sostenible.
Revisión a marzo 2024.

- Implementación de SSP en el desarrollo de una ganadería sostenible en el departamento del Beni durante febrero 2020 a diciembre 2025. Margarita Becerra Villavicencio, 2020.

- Recuperación y manejo sostenible de praderas naturales, sustituyendo la quema, en la estancia San Carlos, provincia Marbán, Loreto, 2013 a 2021. Kathia Arce Orfanides, 2020.

- Análisis de la función de corredores ecológicos y la conectividad frente a la fragmentación de los bosques en el departamento del Beni. Mariana Muñoz Enríquez, 2019.

- Importancia de los SSP en la producción bovina. San Borja. Edith Callancho Monrroy, 2018.

- Lineamientos para la reducción de conflictos entre fauna silvestre y humanos en el Área Protegida Municipal Pampas del Yacuma. Santa Rosa del Yacuma. Armando Chivaco Moye, 2016.

- Estudio de la producción y composición química de las pasturas nativas en la época seca en San Ramón y su área de influencia. Provincia Mamoré. José Luis Melgar Leigue, 2012.

- Evaluación de 6 leguminosas como abono verde en época de invierno en Trinidad. Carlos Alberto Navarro Justiniano, 2008.

- Producción anual de Materia Verde y Seca de los pastos nativos en el Centro Nacional de Mejoramiento Genético del Beni. Ariel Molina Jiménez, 2010.

- Evaluación de 6 leguminosas para el control de malezas en época de invierno en el área de Trinidad. Ciro Iván Mariaca Melgar, 2007.

- Evaluación de 5 niveles de dolomita en 3 pastos nativos en el Centro Agronómico de la UAB. Faustino Rodríguez Suárez, 1997.

- Efecto de las diferentes intensidades de pastoreo sobre la diversidad florística en la sabana de bajío. Estación Biológica del Beni. Edgar Polanco Tirina, 1997.

More
Books!

info@omniscriptum.com
www.omniscriptum.com
OMNIScriptum

Printed by Books on Demand GmbH, Norderstedt / Germany